Moderne
Bauten in warmen Zonen.

Beiträge zur Hygiene des Bauwesens,

dargestellt an den Entwürfen für ein

Tropen-Krankenhaus und ein Tropen-Wohnhaus.

Von

H. Griesshaber,
Regierungsbaumeister.

Mit sechs Tafeln.

MÜNCHEN UND BERLIN.

Druck und Verlag von R. Oldenbourg.

1907.

Inhaltsverzeichnis.

Einleitung.

Vorliegende Projekte versuchen die technische Lösung eines schwierigen hygienischen Problems:

Den Europäer in dem ungesunden, mit Feuchtigkeit geschwängerten oder unerträglich heißen Klima vieler Tropengegenden durch die Ermöglichung eines geregelten zeitweisen Aufenthalts in einer seiner Natur angepaßten Luft widerstandsfähig zu machen gegen die Gefahren des Tropenklimas.

Wir verweisen hier auf die Untersuchungen des Anthropologen Dr. med. Karl Ernst Ranke in München, dessen Theorien den Wert nachfolgender Ausführungen bestätigen und mitbegründen.

Bewirkt schon in unseren heimischen Gegenden vorübergehende Sommerhitze eine Erschlaffung der Arbeitsenergie des Menschen und das Streben, die heiße Tageszeit innerhalb geschlossener Räume zuzubringen, um sich vor den Einwirkungen der Sonnenhitze nach Möglichkeit zu schützen, so ist ein solcher Schutz während der monatelang ununterbrochen dauernden Hitzeperioden der Tropen für die weiße Menschenrasse ein um so dringenderes Bedürfnis, ja für viele Gegenden eine direkte Lebensfrage.

Leider aber vermag dort der Wohnraum einen solchen Schutz nicht mehr zu bieten, da auch in den gesünderen Gegenden die anhaltende schwüle Tageshitze, trotz merkbarer nächtlicher Abkühlung, einen nahezu völligen Wärmeausgleich zwischen Außenluft und Innenraum herbeiführt. In den feuchtigkeitsgeschwängerten tropischen Küstengegenden gar mit ihrer fast absolut gleichmäßigen Jahrestemperatur, dringt die verderbenbringende schwüle Luft ungehindert in alle Räume, am Lebensnerv und der Energie der Bewohner auch in ihren Ruhestunden zehrend.

Es kommt dazu, daß an sich die heutige Bauweise in den Tropen wenig beschaffen ist, den Europäer in seinem Hause wenigstens vor den Einwirkungen der Hitze auf die erreichbar günstigste Weise zu schützen, da zumeist Mangel an Baumaterial und Arbeitskräften ein sehr teures Bauen bedingen und deshalb zu möglichst dünnwandigen Konstruktionen in Holz- oder Eisenfachwerk zwingen, oder gar zu sogenannten transportablen Wellblechhäusern führen, in welchen das Wohnen infolge der außerordentlich hohen Wärmeübertragung zu einer Qual werden muß.

Aber auch kräftige, massive Steinbauten vermögen auf die Dauer die Innenräume nicht der Einwirkung der Sonne zu entziehen. Starke Mauern speichern infolge der hohen Wärmekapazität des Steins mit Begierde die infolge Strahlung und Leitung auftreffende Wärme in sich auf, um sie fortdauernd an der Innenraum abzuführen; dabei wird diese Wärmeausstrahlung nach innen auch nach Sonnenuntergang noch fortgesetzt, so daß die oft beträchtliche nächtliche Abkühlung der Atmosphäre im Innern der Gebäude nicht genügend zu verspüren ist.

In tropischen Küstengegenden mit ihrer feuchtigkeitsgeschwängerten Luft bei einer innerhalb der Jahreszeiten kaum merkbar schwankenden mäßig hohen Durchschnittstemperatur von ca. 24 bis 28° ist es weniger die Temperatur der Luft, als deren viel zu hoher Gehalt an Feuchtigkeit, der in vielen Gegenden 80% erreicht, was verderblich auf die weiße Rasse wirkt.

Bis heute besteht nun leider noch keine Möglichkeit, durch geeignete Schutzmaßregeln sich den Einwirkungen der übergroßen Hitze und einer nahezu feuchtigkeitsgesättigten Luft mit Erfolg zu entziehen.

Und doch ist ein solcher Schutz wohl denkbar, wenn sich nur die Aufgabe lösen läßt, eine solche Atmosphäre im Innern der Wohngebäude künstlich und dauernd zu erhalten, die dem Organismus der weißen Rasse entspricht.

Daß in der Tat dieses Ziel zu erreichen ist, zeigen die für andere Zwecke und unter anderen Bedingungen erbauten modernen großen Lagerhäuser mit künstlich gekühlten Räumen von beliebiger Tieftemperatur zur Frischerhaltung von Fleisch, Gemüse, Getränke usw.

Auch ist schon bei einzelnen großen Theatern und Konzerthäusern mit Glück der Versuch gemacht worden, dem Zuschauerraum in der heißesten Jahreszeit für einige Stunden gekühlte Luft zuzuführen, es wurde wohl auch die eine oder andere Villa schon mit einer maschinellen Kühlungseinrichtung ausgestattet, doch sind diese Versuche bis jetzt jedenfalls nur sehr vereinzelt unternommen worden.

Der Grund liegt zweifellos zum Teil an den hohen Anlage- und Betriebskosten der Kühlungseinrichtung, die infolge der für solche Anlagen wenig geeigneten Bauweise unserer Gebäude nur eine sehr geringe Ausnützung der künstlich erzeugten Kälte gestattet, da ein viel zu hoher Prozentsatz infolge Wärmetransmission durch die ungeschützten Umfassungen der Gebäude verloren geht. Zum andern besteht bei den üblichen gegen Wärmeausgleich ungeschützten Außenwandkonstruktionen von ziemlicher Luftdurchlässigkeit stets die Gefahr, daß durch die eingeführte Kühlluft die eindringende warme Außenluft unter ihren Taupunkt herabgekühlt wird, wodurch Niederschlagsbildungen an Decken und Wänden entstehen müssen, welche ein rasches Verderben der Tapeten, Wandbespannungen usw. unter Auftreten von modrigem Geruch verursachen.

Es kommt noch hinzu, daß unsere Hitzeperiode nur verhältnismäßig kurz und von häufigen Rückschlägen unterbrochen ist, daß der Feuchtigkeitsgehalt der Luft selten ein anormaler wird und die nächtliche Abkühlung meist sehr regelmäßig und ausgiebig wirkt, so daß in Europa, vom Standpunkt der Hygiene aus, durchgreifende Maßregeln zum Schutze des Organismus nicht eben notwendig, wenn auch häufig recht wünschenswert erscheinen.

Es ist deshalb erklärlich, daß bei uns die Gesetze und Regeln der künstlichen Luftversorgung von Kühlanlagen im allgemeinen noch keinen Eingang in den Wohnhausbau gefunden haben und auch unseres Wissens noch kein ernstlicher Versuch gemacht wurde, hiebei systematisch vorzugehen.

Ganz anders liegt die Frage in den Tropengegenden. Die außerordentlich schädlichen Folgen der Tropenluft sind nur zu bekannt: Das rasche Nachlassen der Arbeitsfähigkeit und Energie, verbunden mit einem auffallenden Rückgang des Körpergewichts im Gefolge mit den bekannten schweren Tropenerkrankungen, die den Europäer oft genug schon nach kurzem Aufenthalt zum raschen Verlassen des für ihn ungeeigneten Klimas zwingen. Der Grund liegt nach Dr. Karl Ernst Ranke zu einem sehr großen Teil in der thermischen Einwirkung des Tropenklimas auf den Organismus des Europäers.

Wärme-ökonomische Gründe erzwingen, insbesondere beim Zusammentreffen von hoher Luftfeuchtigkeit mit hoher Lufttemperatur, eine in geringem Grade uns schon aus den heimischen Hundstagen bekannte Verminderung der Nahrungsaufnahme und der Arbeitsleistung. Der dauernde Aufenthalt in einer Luft von ca. 80% Feuchtigkeit und einer Temperatur von 24° C aufwärts schwächt demnach den weißen Einwanderer infolge der ungenügenden Ernährung und macht ihn zudem durch die direkt erschlaffende Wirkung der feuchten Hitze zu energischer geistiger und körperlicher Arbeit unfähig. Die gefürchtete und doch unabwendbare Folge ist die tropische Schlaflosigkeit und mit ihr die tropische Anämie und Neurasthenie: Der Europäer wird durch die Schwächung seiner Konstitution eine leichte Beute der tropischen Infektionskrankheiten. Besonders bedenklich für seinen Zustand ist, daß die Tag und Nacht fast gleichmäßig monatelang anhaltende feuchtwarme Luft jede Rekonvaleszenz, vor allem die von den heute noch fast unvermeidbaren Malaria-Anfällen, erschwert oder, wenn die Hitze zu groß ist, sogar direkt unmöglich macht.

Die einzige Hilfe gegen diese schädlichen Wirkungen des tropischen Klimas, welche schon so viele wertvolle Menschenleben den europäischen Kulturnationen gekostet haben, war bisher die Verbringung in ein kühleres Klima; eine durch die hohen Kosten und den großen Zeitaufwand, vor allem aber durch die häufige und langandauernde Unterbrechung der beruflichen Tätigkeit des Beamten oder Kaufmanns sehr störende, oft geradezu unausführbare Maßregel!

Hat nun die heutige Wissenschaft nachgewiesen, aus welchen Gründen der Organismus des Europäers der dauernden Einwirkung des Tropenklimas nicht widerstehen kann, so ist damit auch der Weg gezeigt, auf welchem allein eine Besserung der Lage zu erhoffen ist: die Schaffung von Räumen, in welchen der Europäer das ihm zuträgliche Klima wenigstens zur Zeit seiner Arbeit und seiner Erholung finden kann, mit andern Worten: die Herstellung von künstlich temperierten Gebäuden.

Daß die derzeitigen Wohnungsverhältnisse solche Bedingungen heute noch nicht erfüllen können, ist schon eingangs erörtert worden.

Mit den beiden in den Abbildungen wiedergegebenen Entwürfen für ein Tropenkrankenhaus und ein Tropenwohnhaus nebst zugehörigen Erläuterungen und Berechnungen soll nun die Möglichkeit nachgewiesen werden, dem Europäer inmitten der Tropen in seinem Wohnhaus, in seinen Arbeits- und Erholungsräumen und vor allem z. Z. der Krankheit in geeigneten Krankenhäusern ein seinem Organismus zuträgliches Klima zu schaffen mit Mitteln, die überall durchzuführen sind, und zwar unter, gegenüber den heutigen Verhältnissen außerordentlich günstigen pekuniären Bedingungen. Die letztere Aussicht ist von großer volkswirtschaftlicher Bedeutung, da zweifellos von den pekuniären Verhältnissen die Frage der Durchführbarkeit der Idee in großem Maßstab und ihre allgemeine Anwendung im Tropenbau abhängen wird.

Die Lösung der Aufgabe wurde versucht durch die möglichst zentrale Gruppierung des Gebäudes um einen Kern, von welchem aus unter Vermeidung aller unnützer Kälteverluste, den einzelnen Räumen eine mäßig gekühlte, gut getrocknete Frischluft ständig zugeführt wird, sowie durch die allseitige sorgfältige Isolierung der Gebäude zum Schutze gegen die Einwirkungen der Sonne und der feuchten Tropenluft auf die künstlich temperierten Räume.

Außerdem soll ein Weg gezeigt werden, wie in Gegenden mit zeitweiser nächtlicher Abkühlung der Atmosphäre die kühle Nachtluft ausgenützt werden kann zur Versorgung der Wohnräume bei Tag mit leicht gekühlter und getrockneter Frischluft.

Allgemeine Beschreibung der projektierten Gebäude.

Um die weitmöglichste Ausnützung und Erhaltung der künstlich erzeugten Raumluft zu erzielen, sind sämtliche Umfassungswandungen, Decken- und Fußboden-Konstruktionen massiv, d. h. aus Baumaterialien mit hoher Wärmekapazität angenommen und haben eine äußere, tunlichst ununterbrochene Verkleidung aus einem wärme- und feuchtigkeits-isolierenden Material erhalten. Als solches ist Korkstein in Rechnung gezogen, da dieser bekanntlich die geringste Wärmeleitungsfähigkeit normaler Isoliermaterialien besitzt und auch sonst in jeder Beziehung ein praktisches Baumaterial ist. Durch diesen allseitigen Schutz wird die direkte Einwirkung der Witterung auf die Umfassungen aufgehoben, die Durchfeuchtung der Mauern und der direkte Luftdurchzug verhindert und der Wärmeausgleich zwischen Innenraum und Außentemperatur, wie später einzeln berechnet werden soll, ganz wesentlich vermindert.

Die Fenster sind nicht mehr die Vermittler der Frischluft, sondern nur noch die Spender des Lichts. Sie sind als dichtschließende Doppelfenster, sog. Kastenfenster, ausgebildet und mit schützenden äußeren Holzladen und inneren Vorhängen versehen.

Die Türen führen, entgegen dem bisherigen Tropengrundsatz, nicht mehr vom Wohnraum direkt ins Freie, sondern münden auf Vorräume, welche wieder durch Windfänge nach Möglichkeit das Einströmen der Außenluft abzuhalten haben. Die bisher allgemein üblichen charakteristischen Ventilationsöffnungen an Türen und Außenmauern, welche die Durchlüftung des Gebäudes bezweckten, sind natürlich weggelassen.

Damit ist das Innere des Gebäudes von den Einwirkungen der äußeren Atmosphäre in hohem Grade unabhängig gemacht, so daß die einzelnen Räume sich mit dem geringsten Betriebsaufwand mit künstlich gekühlter Frischluft versorgen lassen.

Die zentralen Korridore, auf welche alle Räume münden, erhalten ebenfalls Frischluftzuführung, um überall einen gleichmäßigen Überdruck zu erhalten. An der Decke der Korridore sind die Frischluftsammelkanäle untergebracht, die, in einzelnen Systemen in der ganzen Breite der Korridore angeordnet, alle leicht zugänglich und zu reinigen sind. Von diesen Sammelkanälen aus wird die Frischluft den Zimmern in den großen, durchbrochenen Deckengesimsen zugeführt, so daß sie gleichmäßig verteilt von der Zimmerdecke aus in die Räume eintritt und, sich allmählich erwärmend, am Boden abgeführt wird. Diese nur leicht gekühlte, aber stets getrocknete Frischluft wird mit einem derart berechneten Überdruck in die einzelnen Zimmer und Korridore eingeführt, daß die neutrale Zone sich in Fußbodenhöhe befindet, so daß beim Öffnen der Zimmertüren eine Druckveränderung der Luft nicht erfolgt, Zugserscheinungen oder ein lebhaftes Einströmen der Außenluft ausgeschlossen sind.

Besondere Abflußöffnungen für die verbrauchte Zimmerluft in Höhe des Fußbodensockels sind als entbehrlich weggelassen worden, da ein Teil der Luft durch die nie ganz dichten Fugen der Fenster direkt nach außen abströmt, der andere Teil durch die Türfugen am Boden nach den nicht gekühlten, aber mit Abluftkanal versehenen Abort- und Baderäumen gelangt, durch deren Abzugskanäle die verbrauchte Luft dann ins Freie geführt wird.[*]

Um eine zu rasche Erwärmung der gekühlten Luft in den Zuleitungskanälen sowie Niederschlagsbildungen an deren Außenwandungen zu verhüten, was in Anbetracht des außerordentlich hohen Feuchtigkeitsgehaltes der Luft gerade in den gefährlichsten Tropengegenden auch bei sehr geringen Temperaturdifferenzen zu befürchten ist, sind die Kanalwandungen und die durchbrochenen, hohlen Deckengesimse in den Zimmern aus einem gut wärmeisolierenden Material zu konstruieren.

Die der Herabkühlung und Trocknung der Luft dienenden Räume sind im Untergeschoß in der für Kühlanlagen und Heizungsanlagen üblichen Weise angeordnet.

Die Außenluft wird durch einen über Dach führenden Kanal mittels Ventilators in einen Vorraum getrieben, dort gereinigt und gelangt hierauf in den unter dem Korridor gelegenen, mit Kühlrohrsystemen gefüllten geräumigen Kanal, in welchem sie auf die gewünschte Minimaltemperatur herabgekühlt wird. Hierauf gelangt sie durch ein System senkrechter Schächte zu den horizontalen Sammelkanälen in den einzelnen Geschossen an der Decke der Korridore, von wo aus sie in die Räume verteilt wird.

Ehe die gereinigte Frischluft vom Reinigungsraum aus in den Kanal mit den Kühlrohrsystemen eintritt, wird sie, wie aus den Zeichnungen des Krankenhauses und des Tropenhauses ersichtlich ist, durch ein im Keller gelegenes System von langen Kanälen geführt, die, ringsum von außen gegen Wärmeabgabe des Bodens sorgfältig isoliert und innen mit Körpern von hoher Wärmekapazität gefüllt, als sogenannter Kältespeicher dienen sollen.

Diese Anordnung der Kältespeicherkanäle bedeutet eine wichtige Neuerung in dem System der Kühlung und Lüftung von Gebäuden in solchen Zonen, bei welchen mit einer zeitweisen nächtlichen Abkühlung der Atmosphäre gerechnet werden darf. In tropischen und subtropischen Gegenden am Fuße von Gebirgen herrscht zu gewissen Jahreszeiten über Tag eine drückende Hitze, während bei Nacht eine oft außerordentlich starke Abkühlung der Luft, verursacht durch das Niedersinken kalter Luft von den Bergen her, stattfindet. Derartige Erscheinungen sind in manchen Gegenden Südamerikas, aber auch Europas, zu konstatieren.

---

*) Vgl. O. Krell: Bau und Betrieb der Heiz- und Lüftungseinrichtungen des Neuen Theaters in Nürnberg, im Gesundheitsingenieur, 30. Jahrgang, No. 20.

An solchen Orten soll die Anlage der sog. Kältespeicherkanäle dazu dienen, die kühle Nachtluft während der Stunden der stärksten Abkühlung mit voller Energie durch diese nach außen gegen Wärmeaufnahme resp. Kälteabgabe isolierten Kanäle durchzutreiben, wodurch sich die gemauerten Kanalwandungen und die in den Kanälen aufgestapelten sogenannten Kälteträger auf die Temperatur der Nachtluft durchkühlen.

Die so während ca. 5 bis 6stündiger nächtlicher energischer Ventilation aufgespeicherte Kälte wird bei Tag allmählich wieder an die mit geringer Geschwindigkeit eingeführte Ventilationsluft abgegeben, diese herabkühlend, worauf sie dann, in den Sammelkanälen wieder entsprechend erwärmt und getrocknet, den Zimmern zugeführt wird.

Als Material für die Aufmauerung der Kältespeicherkanäle würde sich Kalkstein am besten eignen, da dieser eine Wärmekapazität von ca. 550 WE pro 1 cbm und pro 1° C Temperaturdifferenz besitzt. Bei Ziegelsteinmauerwerk kann mit 350 WE gerechnet werden. Zu Steinbeugungen eignen sich Ziegelsteine ihrem Format nach vorzüglich, da sie von der Luft allseitig bespült und durchgekühlt werden können. . Noch besser wären entsprechend geschnittene Kalksteine.

Die für die maschinelle Kühlanlage benötigten Kühlrohrsysteme werden bei nächtlicher Abkühlung mitbenützt. Außerdem wird sich besonders für heiße Gegenden das Aufstellen von porösen, mit Wasser gefüllten Tongefäßen oder Tonrohrleitungen im Interesse der Erzeugung von Kälte durch Wasserverdunstung an die lebhaft bewegte Luft empfehlen.

Die Luftbewegung ist so gedacht, daß die kühle Nachtluft an geeigneter Stelle im Freien geholt, zuerst gereinigt und dann durch sämtliche Kältespeicherkanäle und durch die Räume mit den Kühlrohrsystemen energisch durchgetrieben wird, worauf sie durch einen entsprechenden Abzugskanal wieder ins Freie gelangt.

Tritt die Tagesventilation in Kraft, so wird die Klappe am Abzugskanal dicht geschlossen, während die Zuleitungskanäle für die Zimmer geöffnet werden. Darauf wird die Außenluft durch den Zuleitungskanal mit normaler Geschwindigkeit durch die Kältespeicherkanäle geführt und abgekühlt in die Sammelkanäle geleitet.

Während der ca. 5 bis 6 Stunden dauernden nächtlichen Durchkühlung müssen die Zuluftkanäle zu den Zimmern wenn nicht ganz, so doch mindestens so weit geschlossen sein, daß keine Zugluft in den Zimmern entstehen kann, da in den Kältespeichern die Luft mit ca. 6 bis 10 m Sekunden-Geschwindigkeit durchgeführt werden muß, um die für Tageskühlung nötige große Kältemenge aus der Luft teils durch direkte Kälteabgabe, teils durch Wasserverdunstung zu gewinnen.

Es ist nötig, den Luftzuführungskanal und den Abluftkanal so weit entfernt voneinander ausmünden zu lassen, daß eine Rückströmung der erwärmten abgeführten Luft zum Frischluftkanal nicht zu befürchten ist.

Die Ansammlung schlechter Luft wird ausgeschlossen sein, da ja durch die nächtliche energische Lüftung täglich die Kanäle gesäubert und jedenfalls auch vollkommen getrocknet werden, indem die bei der Tageskühlung sich niederschlagenden Wassermengen immer wieder nachts gebunden werden. Auch eine nennenswerte Staubablagerung wird zu verhüten sein, wenn die Luft genügend hoch über dem Erdboden entnommen und der Luftreiniger gut instand gehalten wird.

Zeitweise gründliche Reinigungen sind bei der Einfachheit der Anlage nicht schwierig. Auch können die Steinbeugungen nach gewissen Zeiten durch neue ersetzt und die alten Steine sonstwie verwendet werden.

So wird es in Gegenden mit nächtlicher Abkühlung gelingen, eine dem Wohlbefinden der Bewohner angemessene Tagestemperatur ausschließlich mit einer guten Ventilationsanlage ohne Zuhilfenahme maschineller Kühlung zu ermöglichen. Allerdings muß auch unter den günstigsten diesbezüglichen lokalen Verhältnissen damit gerechnet werden, daß diese nächtliche Abkühlung in ihrer Intensität und Dauer sehr schwanken wird, daß wohl in der heißesten Jahreszeit je nach lokalen Depressionen zeitweise die nächtliche Abkühlung überhaupt versagt. Aus diesem Grunde ist es nötig, überall eine Reservekühlmaschine vorzusehen, welche zu Zeiten ungenügender oder gänzlich fehlender nächtlicher Abkühlung die natürliche Kältespeicheranlage unterstützt und ersetzt.

Immerhin läßt sich durch die Verbindung der maschinellen Kühlung mit einer die nächtliche Abkühlung ausnützenden Kältespeicheranlage mit entsprechendem Ventilatorantrieb überall, wo überhaupt nächtliche Abkühlung in Frage kommt, eine solch außerordentliche Ersparnis an künstlicher Kältezufuhr erreichen, daß die schwerwiegenden bisherigen pekuniären Bedenken nicht mehr der allgemeinen Einführung der künstlichen Luftversorgung der Gebäude im Wege stehen werden. Die künstliche Kühlung dürfte sich in den heißen Zonen mit der Zeit so einbürgern, wie in unseren gemäßigten Zonen die Zentralheizung.

In den beiden Entwürfen zum Krankenhaus und zum Wohnhaus ist die maschinelle Kühlanlage so gewählt, daß sie auch für die ungünstigsten tropischen Gegenden, wo niemals mit irgend welcher nächtlichen Abkühlung gerechnet werden kann, völlig ausreicht. Außerdem aber auch alle Anordnungen zur Ausnützung der nächtlichen Abkühlung getroffen, um zugleich die Ausführbarkeit und die Vorzüge eines kombinierten Systems für hierzu geeignete Gegenden klarzulegen. Ebenso wurde der Kältebedarf für beide Gebäude getrennt entwickelt für ausschließlichen maschinellen Kühlbetrieb sowie unter der Annahme günstiger Abkühlungsverhältnisse der Atmosphäre bei Nacht. Die letztere Aufstellung diene als rechnerischer Nachweis der Richtigkeit und Ausführbarkeit dieser Theorie.

Doch möge noch einmal betont werden, daß an eine ausschließliche Ausnützung des Kältespeichers ohne Heranziehung einer Kühlmaschine bei beiden Entwürfen, trotz der befriedigenden rechnerischen Resultate, nur bei besonders günstigen Verhältnissen gedacht werden kann. Kleine Kältemaschinen sind schon darum überall angezeigt, um die Kühlräume der Keller auf der wünschenswerten Temperatur von + 3 bis + 7° zu halten und Eis für den Hausgebrauch zu fabrizieren.

Vor Durchführung der rechnerischen Nachweise über die Notwendigkeit des Wärmeschutzes, über vermeidbare und unvermeidbare Kälteverluste, über den täglichen Kältebedarf usw. seien die Raumdispositionen und der konstruktive Aufbau der beiden Gebäude noch kurz erörtert.

Krankenhaus.

Die Rücksicht auf tunlichste Vermeidung unnützer Kälteverluste führte zu einer zweibündigen Anlage mit durchgehendem mittleren 2,80 m breiten Korridor, von dessen Deckenkanal aus die Verteilung der Frischluft in den Krankenzimmern erfolgt. Da der gerade, nach außen durch Windfänge abgeschlossene Korridor von beiden Enden, sowie durch hohe Seitenlichte über den Zimmertüren, genügend Licht empfängt und an die Ventilationsanlage angeschlossen ist, so ist vom sanitären Standpunkt aus gegen die zweibündige Anlage wohl nicht viel einzuwenden, so bevorzugt auch die einbündigen Krankenhausanlagen sein mögen. Übrigens werden auch bei uns noch große neue Krankenhäuser zum Teil zweibündig gebaut.*)

Das Krankenhaus wurde als zweigeschossiger Bau projektiert, dessen Hauptgeschoß 25 Betten in der Männerabteilung und 7 Betten in der Frauenabteilung enthält. Seine Höhe beträgt 3,90 m im Lichten, wohl die höchste zulässige Höhe in notwendiger Rücksicht auf möglichste Einschränkung der Wärmetransmissionsverluste durch die Umfassungswände. Das obere Geschoß hat nur 3,50 m im Lichten erhalten und enthält neben den Wohnungen für den Assistenzarzt, für Wärter und Wärterinnen einige Reserve-Krankensäle für Zeiten erhöhter Inanspruchnahme.

Die Tiefenverhältnisse der Säle sind in Rücksicht auf möglichst günstige Konstruktionsbedingungen und ausreichender Sonnbeleuchtung in den Morgen- und Abendstunden nur mäßig (5,70 m tief) angenommen, und zwar sind die Krankenzimmer nach Osten bzw. Westen situiert, während nach Süden der Eingang und nach Norden der Tagraum und die Wandelhalle gelegt ist. Von den in den Tropen üblichen, ringsum laufenden, breit ausladenden gedeckten Hallen wurde absichtlich an der Ost- und Westseite abgesehen und hier nur ein kräftig vorspringendes Dachgesims angeordnet, damit die Krankenzimmer wohl gegen die direkte Sonnbestrahlung während der Mittagszeit geschützt sind, dagegen morgens resp. nachmittags das für das Wohlbefinden der Kranken notwendige Sonnenlicht empfangen können.

Im Krankenhaus selbst sind außer den Krankenzimmern nur diejenigen Räume untergebracht, die vom Betriebe nicht getrennt werden können, also neben den Wohnungen für Assistenzarzt und Wartepersonal nur das Aufnahme-, Untersuchungs- und Operationszimmer. Für den leitenden Arzt soll das Tropenwohnhaus als charakteristisches kleineres Beispiel rationeller neuzeitlicher Bauweise dienen. Küche und Waschküche mit den zugehörigen Personalräumen sind getrennt vom Hauptbau untergebracht gedacht, schon um jede vermeidbare Wärmequelle vom Krankenhaus fernzuhalten.

An Krankenzimmern enthält das Gebäude:

Im Hauptgeschoß:

a) Männerabteilung:

2 Krankensäle zu je 6 Betten	= 12 Betten
1 Krankensaal zu	= 5 „
3 Krankenzimmer zu je 2 Betten	= 6 „
2 desgl. zu je 1 Bett	= 2 „
zusammen	25 Betten,

wobei die ein- und zweibettigen Zimmer für je ein weiteres Bett, eventuell für einen Diener oder Wärter berechnet sind.

b) Frauenabteilung:

1 Zimmer für	5 Betten
2 Einzelzimmer zusammen	2 „
zusammen	7 Betten.

Im Obergeschoß:

1 Reservesaal mit 22 Betten für Männer,
1 „ „ 5 „ „ „
zusammen 27 Betten für Männer und
1 Reservesaal mit 10 Betten für Frauen.

Eigenartig sind eine Anzahl Räume des Untergeschosses ausgenützt: Von dem Gedanken ausgehend, daß in exponierten tropischen Gegenden die Besiedlung stets in beschränkten Grenzen sich halten wird und die Bewohner auf manche unserer heutigen großstädtischen Errungenschaften werden verzichten müssen, so auch auf geeignete Anlagen zur Konservierung von Getränken, Obst und Gemüse, Wild, Fleisch und Geflügel, wurden einige verfügbare Räume des Untergeschosses als maschinell gekühlte Lagerkeller durchgebildet und mit besonderem Zugang von außen versehen, so daß sie leicht an geeignete Händler oder Kaufleute vermietet werden können. Es ist einleuchtend, daß hierdurch, sowie durch gewerbliche Eisfabrikation mit Eisstapelraum und Eisverkaufsraum, die Kühlanlage des Hauses mit Vorteil rentabel ausgenützt wird. Die ganze Kühlkelleranlage ist so abgetrennt von dem übrigen Krankenhausbetrieb, daß gegenseitige Störungen ausgeschlossen sind, die Kranken durch Geräuschbelästigung wohl kaum gestört werden und auch an die Möglichkeit der Übertragung von Krankheitskeimen auf die Kühlgüter nicht zu denken ist. Dagegen vermag der Maschinist

---

*) cfr. Irrenbau des allgemeinen städtischen Krankenhauses in Nürnberg vom Jahre 1898.

des Krankenhauses mit Leichtigkeit auch die Wartung der Kühlräume zu übernehmen. Der direkte Gewinn für das Krankenhaus durch eine derartige Kombination der Luftkühlanlage mit einem gewerblichen Betrieb liegt darin, daß bei dem Umfang des Krankenhauses eine große Kühlmaschine nötig ist, die rationell mit gewissen Betriebsunterbrechungen, während welcher ein Kältespeicher in Form von Solelösungen usw. in Tätigkeit gesetzt wird, die Luftversorgung des Gebäudes betätigt.

Während der Betriebsunterbrechung in der Ventilationsanlage kann dann die Maschine die für die Kühlräume nötige Kälte erzeugen und wieder gleichzeitig einen Kältespeicher füllen, welcher während der Betriebsunterbrechung dieser Anlage ausgenützt wird.

Konstruktiver Aufbau des Krankenhauses.

Es ist vorausgesetzt, daß als Baumaterial für die Fundamente und Mauern Kies und Sand oder aber Bruchsteine zu bekommen sind, so daß in der Hauptsache Zement beizuführen sein wird. Die Fundamente und die Mauern des Untergeschosses sind deshalb in Beton, ev. in Bruchstein-Mauerwerk angenommen, während die Mauern der oberen Geschosse aus an Ort und Stelle fabrizierten Zementsteinen im Format unserer Ziegelsteine ausgeführt gedacht sind. Aus Rücksicht auf die Feuersicherheit des Gebäudes sind die Zwischendecken in Eisenbetonkonstruktion gewählt, welche vor den Eisenträgerdecken den Vorzug der leichteren Transportfähigkeit des Rundeisens sowie geringeren Betonmaterialverbrauches besitzt. Die Hauptgebinde des Dachstuhles sind ebenfalls in Eisenbeton konstruiert, die Sparrenlage dagegen in Holz angenommen, verlattet und mit leicht transportablen Asbestschiefern gedeckt; die Sparrenuntersicht ist feuersicher und wärmeisolierend verkleidet.

Vorkehrungen zur Einschränkung der Wärmetransmissionsverluste durch die Umfassungen des Krankenhauses.

Wie bei allen Kühlanlagen, so sind hier trotz der verhältnismäßig geringen Wärmedifferenz zwischen Innenraum und Außentemperatur umfassende Vorkehrungen nötig, um den Wärmeausgleich nach Möglichkeit zu verlangsamen und die Gefahr von Niederschlagsbildungen auszuschließen. Verfasser hat für Kühlanlagen in Deutschland als für die Praxis rationellste Isolierung der Außenwände die Reduktion des stündlichen Wärmeverlustes pro 1 qm Wandfläche auf 0,28 bis 0,30 WE pro 1° C Temperaturdifferenz gefunden. Diese Reduktion ist aber auf durchschnittliche Temperaturdifferenzen von ca. 18 bis 24° berechnet, während in Tropengegenden die Temperaturdifferenz zwischen Außenluft und Innenraum nur wenige Grad betragen darf, um die Bewohner nicht den Gefahren einer Erkältung auszusetzen. Für die Berechnungen genügt die Annahme einer im Maximum 8 bis 10° C betragenden durchschnittlichen Differenz. Demgemäß läßt sich im allgemeinen eine weniger weitgreifende Reduktion der Wärmeverluste — etwa auf 0,60 bis 0,65 WE für die Außenmauern, und 0,30 bis 0,40 WE für die Decken, — als ausreichend festsetzen.

Als wärmeisolierendes Medium, als „Isoliermaterial", kommen für den Hochbau nach den heutigen Anschauungen in der Isoliertechnik Luftschichten mit oder ohne lose Aufschüttung, Bimsstein, Schlackenstein, Gipsdielen und Korksteine in Betracht. Die in England für Kühlanlagen üblichen mehrfachen Bretterwände mit losen Auffüllungen der Hohlräume können schon in Rücksicht auf die Feuersicherheit des Baues nicht in Frage kommen.

Die Hohlschichten mit oder ohne lose Auffüllung lassen sich unmöglich gegen Luftbewegung so in sich abschließen, daß nicht eine mehr oder weniger lebhafte Luftzirkulation innerhalb der leeren oder ausgefüllten Hohlräume möglich wäre. Die Folge wird eine sehr rasche Durchkühlung des an sich gut leitenden Mauerwerks, mit Bildung von Niederschlagswasser der unter ihren Taupunkt abgekühlten, hochgradig feuchten Tropenluft sein, wodurch eine Durchfeuchtung des Mauerwerks, von innen nach außen fortschreitend, hervorgerufen wird, welche eine immer wachsende Wärmeleitungsfähigkeit der durchnäßten Mauern und Hohlschichten verursacht und zur allmählichen Zerstörung des Wandputzes Veranlassung gibt.

Bimssteine und Schlackensteine sind verhältnismäßig schwer (spez. Gew. ca. 0,7 bis 0,9) und müßten in ziemlichen Stärken verwendet werden. Sie sind aber bekanntlich auch sehr hygroskopisch, würden durch Aufnahme von Luftfeuchtigkeit sehr rasch und fortschreitend an Wärmeisolierfähigkeit einbüßen, auch wohl bald infolge der hohen Tropenfeuchtigkeit in ihrer Festigkeit Not leiden.

So bleibt als geeignetstes Isoliermaterial der Korkstein, dessen außerordentlich leichtes spezifisches Gewicht von 0,25 bis 0,30, dessen leichte Bearbeitungsfähigkeit und sonstige bautechnische Eigenschaften ihn gerade für schwer zugängliche Gegenden zu einem hervorragend wertvollen Baumaterial machen. Außerdem dürfte der Korkstein wohl anerkannt die höchste Isolierfähigkeit gegen Wärme, Kälte und Feuchtigkeit besitzen, was ihn gerade für tropische Zwecke am besten empfehlen wird.

In beiden Entwurfsprojekten ist eine äußere Isolierung der Umfassungsmauern angenommen, da sie, wie schon erwähnt, den Vorteil bietet, daß sie nicht nur die Wärmetransmission auf das günstigste einschränkt, sondern die Mauern auch vor direkter Sonnbestrahlung, vor Luftfeuchtigkeit, vor Schlagregen und Windanprall schützt. Der Wärmeausgleich zwischen Innen- und Außentemperatur wird sich im umgekehrten Verhältnis der Leitungsfähigkeit des Mauerwerks zu der der Isolierung, demnach zum überwiegenden Teil innerhalb der letzteren, vollziehen. Die Folge ist, daß das Mauerwerk allmählich die Temperatur des gekühlten Innenraums annimmt und als nach außen gegen Wärmeabgabe geschützter Kältespeicher wirkt. Somit wird bei etwaigen Schwankungen in der Kältezufuhr, bei periodischen Betriebsunterbrechungen, oder bei raschen Witterungswechseln die in den Mauern aufgespeicherte Kälte noch längere Zeit die Erhaltung der Innentemperatur infolge Kälteausstrahlung nach dem Innenraum ermöglichen.

Mit dieser äußeren Isolierung, die selbstverständlich so stark zu berechnen ist, daß tatsächlich der Haupttemperaturabfall zwischen außen und innen, innerhalb der Zone der Isolierung sich vollzieht, lassen sich auch die Befürchtungen über Niederschlagsbildungen an den Wänden zerstreuen. Denn, da die nach außen isolierten Mauern infolge der Kühlluftzufuhr allmählich die Temperatur der zugeführten Frischluft annehmen, besteht kein Grund mehr zu Feuchtigkeitsniederschlägen im Innern, solange der Außenluft der ungehinderte Zutritt zu den Innenräumen verwehrt wird. Dies ist aber eine Voraussetzung unseres ganzen Kühlverfahrens.

Eine Besprechung der einfachen Montage der Korksteine an den Mauerflächen sowie des darauf anzubringenden Fassadenputzes erübrigt sich, da solche Arbeiten als allseitig bekannt vorausgesetzt werden können.

Nicht überall wird es möglich sein, die Isolierung von außen anzubringen, da dies stets eine Durchbildung der Fassaden in einfachem Putzcharakter bedingt. Häufig werden Rücksichten auf die Monumentalität eines Baues, oder auf vorhandene Hausteinmaterialien, sog. Putzbauten verbieten und sichtbare Steinfassaden vorschreiben.

Soweit die Wärmetransmissionsverluste sich mit Hilfe der allgemein benützten Pecletschen Formel

$$W = \cfrac{1}{\dfrac{e}{c} + \dfrac{e'}{c'} + \dfrac{e''}{c''} + \ldots} \quad \text{aufstellen lassen (wobei } e, e', e'' \ldots \text{ die Dicke der einzelnen Medien in m,}$$

und $c, c', c'' \ldots$ die betr. Wärmetransmissions-Koeffizienten bedeuten), ist es theoretisch gleich, ob die Isolierung von innen oder von außen an die Mauer angesetzt wird. In Wirklichkeit aber besteht in der Wirkungsweise beider Isolierungen ein wesentlicher Unterschied und zwar zu Ungunsten der inneren Isolierung. Wohl läßt sich ein von innen isolierter Raum rasch und leicht durchkühlen, da die Isolierung als schlechter Wärmeleiter nur eine geringe Wärmekapazität besitzt, den Wänden also nicht viel Wärme entzogen zu werden braucht, bis der Raum sich im Beharrungszustand befindet. Sobald die Kältezufuhr jedoch nachläßt, oder zeitweise unterbrochen wird, wird auch die Raumtemperatur verhältnismäßig rasch wieder steigen, da infolge der geringen Wärmekapazität der Isolierung dem unvermeidlichen Eindringen von Transmissionswärme auch bei bester Isolierung nur ein geringes Äquivalent geboten werden kann. Denn es ist zu beachten, daß es nur der Zufuhr von 0,31 WE bedarf, um 1 cbm Luft um 1° C zu erhöhen, die stündliche Wärmezufuhr durch 1 qm Doppelfenster aber allein schon 2,35 WE beträgt.

Ein innen isolierter Raum ist demnach allen Schwankungen der Kältezufuhr weit mehr unterworfen, als ein von außen isolierter, es sei denn, daß reichliche Kühlgüter von hoher Wärmekapazität den Wärmeausgleich als Kältespeicher zu vermitteln imstande sind, was bei Wohnräumen aber nicht zu erhoffen ist.

Dazu kommt, daß die tatsächliche Wärmeleitungsfähigkeit des von innen isolierten, also nach außen ungeschützten Mauerwerks infolge des direkten Einflusses der Feuchtigkeit und des Windanpralles sicherlich höher anzusetzen ist, als die, von nach außen isolierten Mauern. Es müßte hierfür die Pecletsche Formel mit entsprechenden Koeffizienten zu versehen sein, worauf aber unseres Wissens im allgemeinen keine Rücksicht genommen wird. Um diese Nachteile der inneren Isolierung in der Hauptsache auszugleichen, empfiehlt es sich, vor der Isolierung eine Backstein-Vormauerung von 6½ oder 12 cm Stärke anzuordnen, welche für Wohnzwecke als genügend starker Kältespeicher wirkt.

In demselben Sinne, wie die Umfassungswände von außen, sind auch die massiven Fußboden- und Deckenkonstruktionen von unten resp. von oben isoliert gewählt, um so die Massivkonstruktionen der Umfassungen selbst als Kältespeicher ausnützen zu können.

Berechnung der Wärmetransmissionsverluste der Umfassungen des Krankenhauses und der daraus resultierenden notwendigen Stärke der Isolierung.

Die Berechnungen sind durchgeführt auf Grund der Pecletschen Formel; die Wärmetransmissions-Koeffizienten für die verschiedenen Baumaterialien sind teils der Hütte, teils den neuesten Normen des Österreichischen Architekten- und Ingenieur-Vereins, veröffentlicht im Gesundheits-Ingenieur vom 28. Januar 1907, teils aus Rietschel, Lüftungs- und Heizungsanlagen, entnommen.

Als Isoliermaterial ist Korkstein mit einem Wärmetransmissions-Koeffizienten von $W = 0,05$ in Rechnung gezogen.

I. Untergeschoß:

1. Isolierung des Fußbodens, ca. 1,50 bis 1,80 m unter Terrain gelegen.

a) Kühlräume und Kühlluftkammern. Die durchschnittliche Jahrestemperatur der Erde unter dem Fußboden beträgt in den Tropen ca. 24° C. Die Kühlräume sind auf + 4° C zu halten: Temperaturdifferenz deshalb 20°. Die Fußbodenkonstruktion besteht aus 15 cm Beton auf Sandboden mit wasserdichtem Zementestrich.

Darnach ist der stündliche Wärmedurchgang durch 1 qm Fußbodenfläche und 1° C Temperaturdifferenz $W = 1,70$ WE, was einem Tagesverlust entspricht von

$$W_T = 24 \cdot 1,70 \cdot 20 = 816 \text{ WE.}$$

Eine 10 cm starke Isolierung des Fußbodens, auf den 15 cm starken Beton luft- und wasserdicht aufgebracht mit 7 cm starker Überbetonierung, 3 cm starkem wasserdichtem Zementestrich (als Kältespeicher) ergibt

$$W_K = \cfrac{1}{\dfrac{1}{1,70} + \dfrac{0,10}{0,05} + \dfrac{0,07}{1,50}} = W_K = 0,38 \text{ WE}$$

darnach $W_{KT} = 24 \cdot 0,38 \cdot 20 = 183$ WE.

b) **Fußboden der Maschinistenwohnung und der Maschinenräume.** Da der Fußboden 1,50 m unter Terrain liegt, ist die Temperaturdifferenz gegenüber der Ventilationsluft von ca. 23° so gering, daß hier auf eine besondere Isolierung verzichtet werden kann.

2. **Umfassungswände der Kühlräume.** Die Mauern bestehen aus 60 bis 70 cm starkem Beton oder Bruchstein: hierfür ist $W = 1,80$.

$$\text{Äußere Temperatur} \quad + 28°\text{ C}$$
$$\text{Innentemperatur} \quad + 4° \text{ „}$$
$$\text{Temperaturdifferenz} = 24°\text{ C}$$

Demnach:

täglicher Wärmeverlust $W_T = 24 \cdot 1,80 \cdot 24$ $W_T = 1037$ WE;

bei einer 12 cm starken Korkstein-Isolierung ergibt sich:

Wärmetransmissions-Koeffizient $W_K = 0,34$ WE

täglicher Gesamtverlust pro 1 qm: $W_{KT} = 24 \cdot 0,34 \cdot 24 = 196$ WE.

3. **Decke der Kühlräume.** Wenn auch die Kälteverluste durch die Decke nicht als tatsächliche Verluste anzusehen sind, da sie den oberen Räumen zugute kommen, so ist doch eine sorgfältige Isolierung der Decke geboten, damit der Fußboden der darüberliegenden Krankenzimmer nicht zu tief herabgekühlt wird und Schwitzwasserbildung hervorruft.

Die Deckenkonstruktion besteht aus:

Eisenbetondecke 15 cm stark, darüber Sandschüttung, darüber Zementbeton mit Glattstrich und Linoleumbelag.

$$\text{Hierfür wird } W = \text{ca. } 0,54 \text{ WE}$$
$$W_T = 24 \cdot 0,54 \cdot 20 = \text{ und } W_T = \text{ca. } 260 \text{ WE}$$

bei 12 cm starker Korkstein-Einlage zwischen Eisenbeton und Sandschüttung wird

$$W_K = 0,24 \text{ WE und}$$
$$W_{KT} = 115 \text{ WE.}$$

II. Hauptgeschoß:

a) **Fußboden gegen die nicht gekühlten Untergeschoßräume (Wohnung des Maschinisten und Maschinenräume).**

Die vom Hauptgeschoß diesen Räumen durch den Fußboden mitgeteilte Kälte ist wohl als Verlust zu buchen, darf aber streng genommen nicht als solcher angesehen werden, da sie den Maschinistenräumen zugute kommt.

Die durchschnittliche Tagestemperatur in den Maschinenräumen sei gleich der Außentemperatur, also $= 28°$. Die Raumtemperatur des Obergeschosses ist festgesetzt auf $+ 23°$.

Die Fußbodenkonstruktion besteht aus Eisenbeton mit Sandschüttung, Zementestrich und Linoleumbelag; hierfür ist

$$W = \text{ca. } 0,54 \text{ WE und}$$
$$W_T = 24 \cdot 0,54 \cdot 5 = 65 \text{ WE.}$$

Um an der Deckenuntersicht mit Sicherheit Schwitzwasserbildungen zu vermeiden, wird auf dem Zementestrich eine 3 bis 4 cm starke Korksteinunterlage unter das Linoleum angenommen, hierfür wird

$$W_K = 0,40$$
$$W_{KT} = 48$$

b) **Umfassungswände des Hauptgeschosses:**

Material: 52 cm starkes Zementstein- oder 60 cm starkes Bruchsteinmauerwerk,

Temperatur: durchschnittliche äußere Tagestemperatur $+ 28°\text{ C}$

$$\text{Zimmertemperatur } + 23°\text{ C}$$
$$\text{Temperaturdifferenz} \quad 5°\text{ C}$$

hiefür wird $W = 1,70$ WE und

$$W_T = 204 \text{ WE.}$$

durch eine 5 cm starke Isolierung werden diese Zahlen reduziert auf

$$W_K = 0,62 \text{ WE und}$$
$$W_{KT} = 75 \text{ WE.}$$

c) **Decke des Hauptgeschosses:** Da für die Wärmeverlustberechnung anzunehmen ist, daß beide Stockwerke in vollem Betrieb sind und darum gleiche Temperatur zeigen, so kommen Wärmeverluste hier nicht in Betracht. In Wirklichkeit wird allerdings die Decke von oben isoliert werden müssen, damit zu Zeiten der Nichtbenützung der Reserveräume des Obergeschosses die Decke gegen zu große Kälteverluste und gegen Niederschlagsbildungen geschützt ist.

Konstruktion der Decke: Eisenbeton mit 5 cm Sandschüttung, darüber Zementestrich und Linoleumbelag; hierfür $W = 0,54$.

Als Isolierung kommt eine 3 bis 4 cm starke Lage Korksteine auf den Zementestrich als direkte Unterlage für Linoleum in Betracht, wodurch zugleich eine höhere Schalldämpfung der Deckenkonstruktion erzielt wird. Darnach wird

$$W_K = 0,24 \text{ WE.}$$

III. Obergeschoß.

a) Umfassungswände: Material: 39 cm starke Zementsteinwände oder 50 cm starkes Bruchsteinmauerwerk, hierfür wird

$$W = 1,85 \text{ WE und}$$
$$W_T = 24 \cdot 1,85 \cdot 5,0 = 222 \text{ WE;}$$

durch eine 5 cm starke Isolierung reduziert sich

$$W_K \text{ auf } 0,65 \text{ WE und}$$
$$W_{KT} \text{ auf } 78 \text{ WE.}$$

b) Decke des Obergeschosses: Material: Eisenbeton mit Gipsguß darüber, Temperatur im unbenützten Dachraum ist gleich der Außentemperatur anzunehmen, deshalb Temperaturdifferenz $= 5^0$.

$$W = 0,60 \text{ WE und}$$
$$W_T = 24 \cdot 0,60 \cdot 5 = 72 \text{ WE}$$

Infolge einer 5 cm starken Isolierung über der Eisenbetondecke ermäßigt sich W auf

$$W_K = 0,40 \text{ WE}$$
$$W_{KT} = 48 \text{ WE.}$$

IV. Frischluftkanäle.

Diese sind aus gut isolierendem Material herzustellen, um Schwitzwasserbildungen an den Außenwänden zu vermeiden und die Wärmetransmission durch ihre Wandungen so abzuschwächen, daß keine unbeabsichtigt hohe Steigerung in der Temperatur der zuzuführenden Frischluft erfolgt.

Es sind deshalb die horizontalen und vertikalen Kanäle, soweit sie nicht in Mauern gelegt werden können, aus 5 cm starkem Korkstein zwischen leichtem Eisengerippe und beiderseits verputzt angenommen, hierfür wird $W_K = 0,78$ WE.

Auf umstehender Tabelle 1 sind die durchschnittlichen, durch Wärmetransmission verursachten täglichen Gesamtwärmeverluste für das Krankenhaus mit und ohne Isolierung rechnerisch ermittelt.

Laut dieser Tabelle beträgt also der tägliche Kälteverlust durch die Umfassungswände, Fenster und Türen:

bei dem nicht isolierten Gebäude 1 208 150 WE,
bei dem isolierten Gebäude 357 920 WE.

Hier ist aber noch keine Rücksicht genommen auf die, die Kälteverluste verstärkenden Einwirkungen des Windanpralls, der Südseite und der Feuchtigkeit. Da insbesondere mit Sicherheit anzunehmen ist, daß bei dem hohen Feuchtigkeitsgehalt der Luft die Mauern des nicht isolierten Gebäudes mit der Zeit sich mehr und mehr durchfeuchten müssen, so würden in Wirklichkeit die Leitungskoeffizienten der Mauern wesentlich höher als die für trockene Mauern gefundenen und in Rechnung gesetzten Koeffizienten anzunehmen sein. Entsprechend der Berechnung von Heizungsanlagen wird hier nun ein Mindestzuschlag von 20 % auf die berechneten Kälteverluste zu machen sein.[*)]

Demnach Gesamtwärmeverluste des nicht isolierten Gebäudes rund

1 208 150 + 241 600 = 1 449 800 WE oder rund 1 450 000 WE.

Bei dem isolierten Gebäude dagegen machen sich infolge der Isolierung die wechselnden Einflüsse des Windes und der Sonnbestrahlung viel weniger bemerkbar, die Gefahr der Durchfeuchtung der Mauern aber ist ganz aufgehoben, es genügt deshalb ein Sicherheitszuschlag von 5 % auf die gefundenen Transmissionsverluste vollständig.

Die täglichen Gesamttransmissionsverluste ergeben sich demnach bei dem isolierten Gebäude auf rund

357 920 + 17 900 = rund 376 000 WE.

Die tägliche Ersparnis an Kälteverlusten infolge der Isolierung beträgt demnach:

1 450 000 — 376 000 = 1 074 000 WE.

und da in den Tropen die Temperaturen im Laufe des Jahres nur sehr geringen Schwankungen unterworfen sind, so daß wohl mit einer das ganze Jahr über gleichmäßig energischen Kühlung gerechnet werden muß, so werden die jährlichen Ersparnisse betragen:

365 · 1 074 000 WE = 399 000 000 WE.

Zu den oben berechneten Transmissions-Wärmemengen, welche täglich vernichtet werden müssen, kommt nun noch der Kälteaufwand zur Kühlung und Trocknung der zuzuführenden Frischluft und zur Vernichtung der durch die Bewohner erzeugten Wärme.

[*)] Dr. H. Lorenz rechnet in seinem Buch „Neuere Kühlmaschinen", Seite 239, in einem Beispiel der Berechnung der Wärmeverluste mit einem Zuschlag von 50 %.

Tabelle I. Krankenhaus.

Berechnung der täglichen Wärmetransmissionsverluste für die maschinelle Kühlung.

Bezeichnung des Stockwerkes	Benennung der Flächen und Räume	Flächenausmaß in qm	Isolierstärke cm	Stündliche und tägliche Wärmeverluste ohne / mit Isolierung in WE		Tägliche Gesamt-Wärmeverluste ohne Isolierung	mit Isolierung	Bemerkungen
Unter-geschoß	**Fußboden** der Krankenhauskeller.	58,00						
	„ der vermietbaren Kühlkeller und Eiskeller .	191,00						
	„ des Kühlkörperraumes .	117,00						
	zusammen	366,00	10	$W = 1,70$ $W_T = 816$	$W_K = 0,39$ $W_{KT} = 187$ (Temp.-Differenz $= 20°$)	298 660	67 000	
	Umfassungswände inkl. isolierter Türen und Fensterflächen							
	Krankenhauskeller	76,00						
	Kühlkeller und Eiskeller	212,00						
	Kühlkörperraum .	200,00						
	zusammen	490,00	12	$W = 1,18$ $W_T = 1037$	$W_K = 0,34$ $W_{KT} = 196$ (Temp.-Differenz $= 24°$)	508 130	96 040	Die Fenster und Türen sind so isoliert, daß deren Wärmeverlust dem der Mauern entsprechen.
	Decke der Krankenhauskeller .	58,00						
	„ der vermietbaren Kühlkeller .	191,00						
	„ des Kühlkörperraumes .	117,00						
	zusammen	366,00	12 Korkstein plus Sandschüttung	$W = 0,54$ $W_T = 260$	$W_K = 0,24$ $W_{KT} = 115$ (Temp.-Differenz $= 20°$)	[95 160]	[41 090]	Diese Deckenverluste kommen dem Erdgeschoß zugute und sind deshalb in der Gesamtaufstellung nicht mit einzubeziehen.
Haupt-geschoß	**Fußboden** gegen die nicht gekühlten Untergeschoßräume Diese Transmissionsverluste sind zwar als Verluste zu buchen, sie kommen jedoch den nicht besonders gekühlten Untergeschoßräumen zugute, werden also voll ausgenützt!	370,00	4	$W = 0,54$ $W_T = 65$ (Temp.-Differenz $= 5°$)	$W_K = 0,40$ $W_{KT} = 48$	24 050	17 760	
	Umfassungswände, sämtliche äußeren Wände des Hauptgeschosses .	620,00						
	ab an Fenstern und Türen	120,00						
	bleiben	500,00	5	$W = 1,70$ $W_T = 204$	$W_K = 0,62$ $W_{KT} = 75$ (Temp.-Differenz $= 5°$)	102 000	37 500	
	Zwischendecke kommt, als zwischen gleichtemperierten Räumen gelegen, nicht in Betracht.							
Ober-geschoß	**Umfassungswände** zusammen .	570,00						
	ab an Fenstern und Türen	90,00						
	bleiben	480,00	5	$W = 1,85$ $W_T = 222$	$W_K = 0,65$ $W_{KT} = 78$ (Temp.-Differenz $= 5°$)	163 170	57 330	
	Decke des Obergeschosses gegen den Dachraum	735,00	5	$W = 0,60$ $W_T = 72$	$W_K = 0,37$ $W_{KT} = 45$	52 920	23 070	
	Wärmeverluste durch Fenster und Türen, Hauptgeschoß .	120,00						
	Obergeschoß .	90,00						
	zusammen	210,00		$W = 2,35$ $W_T = 282$		59 220	59 220	
	Gesamtverluste					1 208 150	357 920	

Der Bedarf an Frischluft wird für die Kranken in der Regel mit 75 cbm pro Stunde festzusetzen sein. Daraus ergibt sich, je nach Größe der Krankenzimmer, der stündliche und tägliche notwendige Luftwechsel. Sämtliche Krankenzimmer bedürfen ununterbrochener Kühlung und Lüftung; die Zimmer mit über zwei Betten benötigen eines zweimaligen stündlichen Luftwechsels, für die ein- und zweibettigen Zimmer ist nur einmaliger stündlicher Luftwechsel nötig. Die Wohnungen für Assistenzarzt, Wärter und Wärterinnen, sowie die Tagräume und die Bureauräume, welche sämtlich nur zeitweise benützt werden, bedürfen nicht einer Tag und Nacht ununterbrochenen Kühlluftzufuhr. Es genügt eine täglich 16 stündige Kühlung bei stündlich einmaligem Luftwechsel mit entsprechenden Pausen, während denen das Mauerwerk als Kältespeicher zu wirken hat. Die Korridore erhalten täglich nur zwölfmaligen Luftwechsel, während die Aborte und Baderäume ohne Kühlluftventilation bleiben, dagegen am Fußboden und an der Decke Abluftkanäle erhalten, durch welche die Abluft der ventilierten Räume entweichen wird, soweit sie nicht durch die Undichtigkeiten der Fenster und Türen direkt ins Freie abströmt.

Die Bemessung des täglichen Luftbedarfs der Kühlräume des Untergeschosses ist entsprechend der üblichen Praxis mit fünfmaligem täglichen Luftwechsel festgesetzt worden. Für die Maschinistenwohnung ist keine besondere Lufterneuerung vorgesehen, da die an die Kühlanlage anstoßenden Räume schon infolge der Transmissionsleitung von selbst genügend gekühlt und ventiliert werden.

Der gesamte tägliche Luftbedarf ergibt sich demnach aus nachfolgender Tabelle II mit zusammen 129 840 cbm.

Tabelle II. Krankenhaus.
Stündlicher und täglicher Ventilations-Luftbedarf.

Stockwerk	Raumbezeichnung	Rauminhalt cbm	Luftwechsel pro 1 Std.	pro 1 Tag	Luftbedarf pro 1 Tag cbm
Unter- geschoß	Krankenhaus-Kühlkeller	120	5 mal	täglich	
	Vermietbare Kühlräume	470			
	zusammen	590			2 950
	Krankensäle	650	2 malig	24 Std.	31 200
	Ein- und zweibettige Krankenzimmer	510	1 „	24 „	12 250
Haupt- geschoß	Tagräume	170	1 „	16 „	2 720
	Aufnahmezimmer, Untersuchungs- zimmer, Operationszimmer . . .	460	1 „	16 „	7 360
	Korridore	410	1 „	12 „	4 920
Ober- geschoß	Krankensäle	1170	2 „	24 „	56 160
	Tagräume	350	1 „	16 „	5 600
	Wohnräume	380	1 „	16 „	6 680
	Hauptgeschoß und Obergeschoß zusammen				126 890
	hierzu Untergeschoß				2 950
	zusammen				129 840

Die durchschnittliche jährliche Tagestemperatur beträgt in ungesunder Küstengegend der Tropen im Maximum ca. + 28° C bei 80% Feuchtigkeitsgehalt der Luft.

Die Kühlluft für die Kühlräume ist auf —4° C herabzukühlen, sie wird dann, auf +4° erwärmt, mit ca. 60% Feuchtigkeit in den Keller einströmen. Diese 8° Temperaturdifferenz wird benützt, um nach dem Gegenstromprinzip die einströmende Frischluft vorzukühlen, so daß für die Herabkühlung der Frischluft tatsächlich nur in Rechnung zu ziehen sind: $(+28°) — (+4°) = 24°$ C.

Die Ventilationsluft für die Krankensäle und Wohnräume wird auf +12° C herabgekühlt und durch die Sammelkanäle in die Zimmer eingeleitet, wo sie infolge sofortiger Mischung mit der Raumluft dem Bewohner mit ca. 20° bis 22° C und 55% Feuchtigkeit zugeführt wird.

Auch hier wird das Gegenstromprinzip sich soweit anwenden lassen, daß statt mit einer Differenz von $28° — 12° = 16°$ nur etwa mit einer solchen von 12° gerechnet werden muß.

Folgende Berechnungen ergeben dann den Kältebedarf zur Herabkühlung und Trocknung der täglich benötigten Frischluft.

1. Herabkühlung und Trocknung der Kühlkellerluft. Luftbedarf 2950 cbm.
   a) Herabkühlung der Luft: 2950 cbm · 24° · 0,31 WE . . . . = 21 600 WE
   b) Trocknung der Luft:
   Wassergehalt bei + 28° gesättigt . . . . = 0,027016 kg/cbm
   bei 80% Feuchtigkeit . = 0,021610 „
   Wassergehalt bei — 4° gesättigt . . . . = 0,003623 „
   Differenz = 0,017993 „ = rd. 18 gr.
   Demnach Trocknung: 2950 cbm · 18 g · 0,61 WE . . . . = 32 400 WE
   zusammen 54 000 WE

2. Herabkühlung und Trocknung der Ventilationsluft. Luftbedarf = rd. 126 900 cbm.

a) Herabkühlung: $126\,900 \cdot 12^0 \cdot 0,31$ . . . . = 472 070 WE

b) Trocknung der Luft:
Wassergehalt bei 28° mit 80% Feuchtigkeit = 0,021610 kg/cbm
Wassergehalt bei + 12° gesättigt . . . = 0,010618 „

Differenz = 0,010992 kg/cbm = rd. 11 gr.

Demnach Trocknung: $126\,900 \cdot 11\,g \cdot 0,61$ . . . . == 851 500 WE

zusammen 1 323 570 WE

hierzu Übertrag 54 000 WE

Gesamtkältebedarf für die tägliche Ventilation 1 377 570 WE
oder rund 1 377 600 WE.

Berechnung des täglichen Kältebedarfs zur Herabkühlung der Kühlgüter und zur Eisfabrikation.

Es sollen auf 1 qm Kühlkellerfläche ca. 200 kg Kühlgüter mit einer spez. Wärme von im Mittel ca. 0,20 kommen, es soll ferner im Durchschnitt täglich eine Kühlfläche von 10 qm Fassungsvermögen frisch zu füllen sein, so wird zum Herabkühlen dieser frischen Kühlgüter täglich nötig sein:

$200 \cdot 0,20 \cdot 10 \cdot (28^0 - +4^0) =$ 9 600 WE }
für die Eisfabrikation rund 31 600 WE } zusammen 41 200 WE.

Tägliche Wärmeentwicklung der Bewohner.

Stündliche Wärmeentwicklung einer Person 100 WE.
Davon werden zur Verdampfung der Schweißabsonderung verbraucht ca. 25%.
Bewohnerzahl 70 Personen.
Demnach $70 \cdot 100 \cdot 25\% \cdot 24$ . . . . == 126 000 WE.

Wärmeentwicklung durch die elektrische Beleuchtung.

30 Nernstlampen à 8 St. à 33 WE . . . . = 79 200 WE.

Der tägliche Gesamtkälteverbrauch des isolierten Gebäudes beträgt deshalb:

1. infolge Wärmetransmissionsverluste . . . . 376 000 WE
2. durch Kühlung und Ventilation . . . . 1 377 600 „
3. für Kühlung der Kühlgüter . . . . 33 600 „
4. durch Wärmeentwicklung der Bewohner . . . . . 126 000 „
5. durch elektrische Beleuchtung . . . . 79 200 „

zusammen 1 992 400 WE

Bei dem nicht isolierten Gebäude würde der tägliche Kälteverbrauch sich stellen auf

1 992 400 WE
+ 1 074 000 WE

zusammen 3 066 400 WE

Ventilationskühlung vermittelst Ausnützung der nächtlichen atmosphärischen Abkühlung.

Von besonderem Interesse dürfte die Prüfung der Durchführbarkeit einer Ventilationskühlung unter ausschließlicher Ausnützung der nächtlichen atmosphärischen Abkühlung sein.

In Gegenden mit nächtlicher Abkühlung wird die durchschnittliche Tagestemperatur höher sein als bei der umstehenden Berechnung angenommen, dagegen wird der Feuchtigkeitsgehalt der Luft wesentlich niedriger angenommen werden dürfen. Es seien der Berechnung also folgende Zahlen zugrunde gelegt:

Durchschnittliche Tagestemperatur + 32° C mit einem Feuchtigkeitsgehalt von 60%.

Die durchschnittliche Nachttemperatur betrage in der Zeit von nachts 11 Uhr bis morgen 5 Uhr + 13 bis + 14° C.

Der Kältespeicher werde in diesen 6 Stunden durch energischen Luftwechsel so weit abgekühlt, daß zum Schluß eine im Durchschnitt ca. 15 cm starke Schale der Umfassungswandungen der Kanäle sowie sämtliche darin aufgestellten Kühlkörper auf + 14° C durchgekühlt seien. Voraussetzung bei dieser Annahme ist natürlich eine entsprechende ununterbrochene äußere Isolierung aller Kältespeicherkanäle.

Die Versorgung des Gebäudes mit gekühlter Luft soll von morgens 10 Uhr bis abends 8 Uhr dauern, es sei also täglich 10 stündiger Ventilationsbetrieb angenommen.

1. Wärmetransmissionsverluste.

Nach diesen Annahmen berechnen sich die Wärmetransmissionsverluste pro Tag auf nur die Hälfte der in Tabelle 1 gefundenen Zahlen. Außerdem sind natürlich die Verluste durch Kühlkellerräume ganz auszuschalten, da bei Kühlung vermittelst nächtlicher Abkühlung eine Kühlung von Kühlräumen ausgeschlossen ist.

Die Wärmetransmissionsverluste ergeben im einzelnen:

1. Gesamter Fußboden des Hauptgeschosses in 12 Stunden . . . . 17 800 WE
2. Umfassungswände des Hauptgeschosses in 12 Stunden $= \dfrac{37\,500}{2}$ . . . . 18 750 „
3. Umfassungswände des Obergeschosses in 12 Stunden $= \dfrac{57\,380}{2}$ . . . . 28 670 „
4. Decke des Obergeschosses in 12 Stunden $= \dfrac{23\,080}{2}$ . . . . 11 540 „
5. Fenster und Türen $= \dfrac{63\,400}{2}$ . . . . 31 700 „

zusammen 108 460 WE

hierzu Sicherheitszuschlag von 5 % . . . . 5 430 „

zusammen rund 113 900 WE

Der Bedarf an Ventilationsluft während 10 stündiger Kühlung vom Hauptgeschoß und Obergeschoß berechnet sich nach Tabelle III auf rund 55 000 WE.

Tabelle III. Krankenhaus.

Stündlicher und täglicher Ventilationsbedarf in Gegenden mit nächtlicher Abkühlung.

Stockwerk	Raumbezeichnung	Rauminhalt cbm	Luftwechsel pro 1 Std.	pro 1 Tag	Luftbedarf pro 1 Tag cbm	Bemerkungen
Haupt-geschoß	Krankensäle	650	2 malig	10 Std.	13 000	
	Ein- und zweibettige Krankenzimmer	510	1 „	10 „	5 100	
	Tagräume	170	1 „	10 „	1 700	
	Aufnahme-, Untersuchungs- und Operationszimmer	460	1 „	8 „	3 680	
	Korridore	410	1 „	8 „	3 280	
Ober-geschoß	Krankensäle	1 170	2 „	10 „	23 400	
	Tagräume	350	1 „	10 „	3 500	
	Wohnräume	380	1 „	4 „	1 520	Tagsüber wenig benützt.
	zusammen				55 180	

2. Kältebedarf zum Kühlen und Trocknen der Ventilationsluft.
Außentemperatur + 32° mit 60 % Feuchtigkeit.

Die Luft soll auf + 16° herabgekühlt werden, damit sie den Bewohnern mit + 22° C und ca. 60 % Feuchtigkeit zugeführt werden kann.

Herabkühlung der Luft: 55 000 cbm · 16° · 0,31 WE = 272 800 WE. Trocknung der Luft:

Luft von 32° gesättigt . . . . . . = 0,033 548 kg/cbm
„ bei 60 % Feuchtigkeit . . . . . = 0,020 128 „
„ von 16° gesättigt . . . . . . = 0,013 554 „

Differenz = 0,006 574 kg/cbm

Demnach Trocknung der Luft: 55 000 · 6,57 · 0,61 . . . . = 220 400 WE

zusammen 493 200 WE

3. Kältebedarf zur Vernichtung der durch die Bewohner entwickelten Wärme.

70 Personen · 10 Stunden · 75 WE . . . . = 52 500 WE

Demnach täglicher Kältebedarf:

1. Zur Ausgleichung der Wärmetransmissionsverluste . . . . = 113 900 „
2. für Kühlung und Trocknung der Ventilationsluft . . . . = 493 200 „
3. zur Ausgleichung der von den Bewohnern produzierten Wärme . . . . . = 52 500 „

zusammen: 659 600 WE

oder rund 660 000 WE.

Diese 660 000 WE müssen nun in 6 stündiger energischer Lüftung den isolierten Kältespeichern entzogen werden.

Diese Kältespeicher fassen:

1. Wandungsflächen:

Umfassungswände der Kältespeicherkanäle 93,50 lfd. m. 2,0 m Höhe . . . . = 187 qm
Umfassungswände des Kühlrohrsystemraumes 92,0 lfd. m · 3,0 m Höhe . . . = 276 „
Fußboden der ersteren   105 qm
„   des letzteren   113 „

zusammen 218 „

Decke desgl. zusammen . . . . 218 „

im ganzen 899 qm

oder rund 900 qm.

Unter Annahme einer äußeren 10 bis 12 cm starken Isolierung der Kältespeicherkanalmauern von im Durchschnitt 50 cm Stärke kann mit Sicherheit vorausgesetzt werden, daß infolge der 6 stündigen energischen Durchlüftung einer Luft von + 13° bis 14° wenigstens eine 15 cm starke Schale der Kanalmauern auf + 14° C herabgekühlt sein wird. (Eine ähnliche Annahme wird gewöhnlich auch bei der Berechnung der Anheizung von Kirchen gemacht, wo mit der Durchwärmung einer 15 cm starken Schale gerechnet wird.) Da die Ventilationsluft mit + 16° in die Sammelkanäle geführt werden soll, so können die Kanalwandungen aufnehmen 900 qm · 2° · 0,15 · 350 = 94 500 WE, wobei die Wärmekapazität des Mauerwerks mit 350 WE pro 1 cbm und 1° C Temperaturdifferenz angenommen ist.

Das vorhandene Kühlrohrsystem ist befähigt, folgende Kältemengen während der nächtlichen Lüftung aufzunehmen.

1 lfd. m Rohr von 0,06 m Durchmesser enthält $\dfrac{0,06^2 \cdot 3,14}{4}$ = 0,0029 cbm Solelösung.

Auf 1 qm Grundfläche sind 10 lfd. m und bei 3 m Raumhöhe sind 30 Rohrsysteme übereinander gedacht, also auf 1 qm Grundfläche im ganzen = 0,0029 · 10 · 30 = 0,87 cbm Soole. Das Kühlrohrsystem faßt 2,2 m · 43 m = 94,6 qm Grundfläche, also zusammen 0,87 · 94,6 = 82,302 cbm. Die Wärmekapazität von 1 cbm Soole sei = 1000 WE, so kann das Rohrsystem bei einer Wärmedifferenz von + 14° auf + 16° Kälte abgeben resp. Wärme aufnehmen

82,302 cbm · 2° · 1000 = 164 600 WE.

Das Aufspeicherungsvermögen der im Kältespeicher aufzustellenden Backsteinbeugung berechnet sich bei einer Kapazität von 350 WE wie folgt:

Verfügbarer Raum 166 cbm, hiervon kann höchsten ¹/₃ zugebeugt werden; es seien 50 cbm Steinaufbeugung angenommen, bei 2° Temperaturdifferenz ergibt sich sonach: Wärmekapazität der Backsteinbeugung = 50 · 2 · 350 = 35 000 WE.

In der Kältespeicheranlage lassen sich also unter der Voraussetzung einer Temperaturdifferenz von 2° zwischen der Durchschnittstemperatur des Kältespeichers (in der Rechnung mit + 14° angenommen) und der Abströmungstemperatur der gekühlten Luft (in der Rechnung mit + 16° angenommen) folgende Wärmemengen aufspeichern resp. wieder daraus entziehen.

1. In den Kanalwandungen . . . . 94 500 WE
2. in den Kühlrohrsystemen . . . . . . 164 600 „
3. in den Steinbeugungen . . . . . . 35 000 „

zusammen 294 100 WE

Nun ist zu berücksichtigen, daß die mit großer Geschwindigkeit durch die Kältespeicherkanäle geführte Nachtluft sich bei der Durchführung durch den wärmeren Kältespeicher erwärmen, infolgedessen Wasser verdampfen und dadurch eine beträchtliche Wärmemenge binden wird. Diese Wärmemenge läßt sich berechnen, wenn der Gesamtluftwechsel während der Nacht festgesetzt ist. Der Ventilator von 11 PS liefere 1100 cbm pro 1 Minute. Es werden deshalb in 6 Stunden 6 · 60 · 1100 = 396 000 cbm Luft befördert.

Diese 396 000 cbm Luft sollen nun mit + 13° C und 70% Feuchtigkeit eintreten und mit + 14° C und 90% wieder abgeführt werden.

Diese Luft wird deshalb binden:

Luft von 13° gesättigt = 0,011317 kg/cbm; 70% geben . . . . . = 0,0079219 kg/cbm
„   „ 14°   „   = 0,012007 „   90% „   . . . . . = 0,0108063 „ „

Differenz = 0,0028844 kg/cbm
= 2,8 g.

Demnach 396 000 · 2,8 g · 0,61 . . . . = 673 200 WE
Infolge Erwärmung der Luft um 1° C werden ferner gebunden 396 000 · 0,31 . . = 122 760 „

zusammen 795 960 WE

oder rund 796 000 WE.

Durch die nächtliche Lüftung werden also unter Voraussetzung von nur 1° C Differenz zwischen eingeführter und abgeführter Luft dem Kältespeichersystem 796 000 Wärmeeinheiten entzogen. Laut Rechnung sind, um das Kältespeichersystem um 2° herabzukühlen, ihm rund 294 000 WE zu entziehen, für 1° also rund 147 000 WE. Durch die 796 000 WE wird also der Kältespeicher abgekühlt um 294 000 : 147 000 = 5,5° ca.

Es ist nun der Berechnung zugrunde gelegt, daß der Kältespeicher nach Schluß der Tagesventilation auf + 16° C erwärmt sein soll, seine Temperatur wird dann — infolge der großen Isolierung der stark-gemauerten Kanalwandungen — bis nachts 11 Uhr, d. h. bis zum Beginn der Nachtlüftung, auf höchstens + 17° steigen. Demgemäß wird er nach Schluß der Nachtkühlung auf 17° — 5,5° = + 11,5° C ca. herabge-kühlt sein.

Sein Aufspeicherungsvermögen wird also betragen: bei einer Differenz von + 11,5° auf + 16° = 4,50° 147000 WE · 4,5 = 661500 WE, während für die Tageslüftung ein Bedarf von 660000 WE nötig ist.

Die Durchführbarkeit der Ausnützung des nächtlichen Kältespeichers für die Tageskühlung ist somit rechnerisch nachgewiesen.

Es ist nun noch zu beachten, daß während der 6 stündigen nächtlichen Abkühlung dem Kältespeicher so viel Feuchtigkeit zugeführt. wird, als er nach obiger Rechnung bedarf. Die genaue Menge ergibt sich aus folgender Betrachtung:

Infolge der 12 stündigen Durchführung warmer Luft bei Tag würde sich nach früherer Berechnung niederschlagen 55000 cbm · 4,85 g = rund 0,27 cbm Wasser.

Während der 6 stündigen sehr energischen Lüftung des Kältespeichers lassen sich dort leicht verdampfen 396000 cbm · 2,8 g = 1,11 cbm Wasser.

Es ist demnach jede Nacht an Wasser zuzuführen 1,11 — 0,27 = 0,84 cbm. Diese 0,84 cbm Wasser lassen sich mit einer feinen Spritze in den ausgedehnten Kältespeicherkanälen verteilen. Auch in verhältnis-mäßig wasserarmen Gegenden wird ein solch mäßiger Wasserverbrauch zu erschwingen sein.

Eine nähere Betrachtung der Vorgänge führt zu der Erkenntnis, daß auch in Nächten mit einer ge-ringeren Maximalabkühlung als auf + 13° C noch immer eine vollkommen befriedigende Wirkung des Kälte-speichers erzielt werden wird, solange der Feuchtigkeitsgehalt der Nachtluft kein allzu hoher ist, so daß die Luft auf ihrem langen, mit großer Geschwindigkeit durchmessenen Weg durch die Kältespeicher Gelegenheit findet, sich mit Wasserdampf zu sättigen und damit genügende Mengen Wärme zu binden. Die Erfahrung wird bald lehren, wieviel der Luftstrom Wasser aufnehmen kann, um den Kältespeicher bis zum Beginn der Tageskühlung wieder zu trocknen. Auch dürfte sich die obere Grenze für die Herabkühlung der Tages-frischluft von + 16° bis auf + 18° C hinaufrücken lassen, wodurch ein weiterer Spielraum für die Anwend-barkeit des Kältespeichers gegeben ist. Endlich läßt sich die nächtliche Luftbewegung noch verstärken oder der Kältespeicher mit seinen Kanälen und Kühlkörpern entsprechend vergrößern, da im vorliegenden Pro-jektbeispiel für beides keine außergewöhnlichen Annahmen gemacht wurden. Wo mit einer durchschnitt-lichen nächtlichen Abkühlung von unter 13° C gerechnet werden kann, wird die Ventilatorleistung entsprechend reduziert werden können.

Immerhin zeigt sich aus den verhältnismäßig engen Grenzwerten, daß in Gegenden mit nur geringer oder periodisch unregelmäßiger nächtlicher Abkühlung jedenfalls mit der maschinellen Kühlung nachgeholfen werden muß, besonders bei einer Anlage von solchem Umfange und solch hohem Luftbedarf, wie das in Rechnung genommene Krankenhaus. Doch wird bei rationeller Behandlung der Kältespeicher und sorgsamer Ausnützung der nächtlichen Abkühlung ein wesentlicher Gewinn gegenüber einer rein maschinellen Kühlung überall da zu verzeichnen sein, wo überhaupt eine wenigstens zu gewissen Jahreszeiten eintretende nächtliche Abkühlung in Frage kommt.

Nachfolgend soll nun auch das Tropenwohnhaus als typisches Beispiel kleineren Umfangs durchge-rechnet werden.

Tropenwohnhaus.

Die Durchführung der am Krankenhaus vorgenommenen Berechnung der täglichen Wärmeverluste des Gebäudes im isolierten und nicht isolierten Zustand nebst Berechnung der sonstigen Unterlagen für die Kühl-anlage dürfte für das vorliegende typische Wohngebäude gleichfalls von Interesse sein.

Wir können uns hier unter Hinweis auf das früher Gesagte im allgemeinen kurz fassen.

Das Gebäude ist entworfen für eine Tropengegend, in welcher das Baumaterial in der Hauptsache von auswärts beschafft werden muß, weshalb auf möglichst leichte transportfähige Konstruktionen zu sehen ist. Außerdem ist der Bau in einer Erdbebenzone gedacht und dementsprechend ein durchaus feuersicheres und gegen starke exzentrische Beanspruchungen widerstandsfähiges Bausystem gewählt worden. Das Gebäude besteht deshalb aus einem in leicht transportable Teile zerlegbaren Eisengerippe mit Ausriegelung von an Ort und Stelle angefertigten Zementsteinen mit Bandeiseneinlagen in den Fugen.

Die Wandungsstärke der Tragmauern beträgt somit nur 15 cm und hat eine 5, besser 6 cm starke Korksteinisolierung zu erhalten. Die nicht belasteten dünnen Scheidewände sind aus freistehenden, leichten, feuersicheren, 5 cm starken Korksteinen gedacht.

Die Fußboden- und Deckenkonstruktion ist massiv in Eisenbeton angenommen. Der Dachstuhl ist in Eisen mit Holzsparren und leichten feuersicheren Asbestschieferplatten mit Bretterschalung, die Sparren-untersicht mit 4 cm starker feuersicherer Korksteinisolierung gewählt. An Stelle der mit Zementsteinen aus-geriegelten Umfassungswände können die Felder auch in Eisenbeton ausgeführt sein, ebenfalls mit einer 6 cm starken äußeren Isolierung.

Die Wärmeverluste berechnen sich demnach unter Zugrundlegung derselben Temperaturverhältnisse wie beim Krankenhaus.

3*

1. Untergeschoß.

a) **Wärmeverluste durch den Fußboden der Kühlräume** [wie beim Krankenhaus]:

durch den nicht isolierten Boden . . . . $\begin{cases} W = 1{,}70 \text{ WE} \\ W_T = 816 \end{cases}$

durch den mit 10 cm starken Korksteinen isolierten Boden . . . . . . $\begin{cases} W_K = 0{,}39 \text{ WE} \\ W_{KT} = 187 \end{cases}$

b) **Umfassungswände 60 cm stark aus Beton oder Bruchsteinmauerwerk;** hierfür $\begin{cases} W = 1{,}18 \text{ WE} \\ W_T = 1037 \end{cases}$

bei 12 cm starker Korksteinisolierung des Kühlkellers . . . . $\begin{cases} W_K = 0{,}34 \text{ WE} \\ W_{KT} = 196 \end{cases}$

c) **Wärmeverluste durch die Decke** [wie beim Krankenhaus]:

bei der nicht isolierten Decke . . . . $\begin{cases} W = 0{,}54 \text{ WE} \\ W_T = 260 \end{cases}$

bei der mit 12 cm starken Korksteinen isolierten Decke . . . . . . $\begin{cases} W_K = 0{,}24 \text{ WE} \\ W_{KT} = 115 \end{cases}$

2. Hauptgeschoß.

a) **Kälteverluste durch den Fußboden:** Fußbodenkonstruktion ca. 30 cm hoch aus Beton mit loser Sandaufschüttung, darüber Zementboden mit Linoleumbelag oder Bodenplättchen; hierfür . . . . $W = 0{,}54$ WE
Temperaturdifferenz zwischen innen und außen 5^0
bei 24 stündiger Kühlung demnach . . . . $W_T = 65$

bei 4 cm starker Fußbodenisolierung . . . . $\begin{cases} W_K = 0{,}40 \text{ WE} \\ W_{KT} = 48 \end{cases}$

b) **Kälteverluste durch die 15 cm starken Außenwände:**

hierfür $W = 2{,}50$ WE

bei 24 Stunden und 5^0 Temperaturdifferenz . . . . $W_T = 300$
bei 5 cm starker äußerer Isolierung wird . . . . $W_K = 0{,}71$ WE

Da diese Isolierung noch etwas zu gering ist, so empfiehlt es sich, die Isolierung 6 cm stark zu nehmen, wofür $W_K = 0{,}62$ WE und $W_{KT} = 75$ wird.

c) **Kälteverluste durch die Decke:**
Deckenkonstruktion besteht aus einer 10 cm starken Eisenbetondecke, darüber Gipsestrich, hierfür $W = 2{,}81$ WE und $W_T = 337$ WE,
bei 5 cm starker Korksteinisolierung wird $W_K = 0{,}74$ WE und $W_{KT} = 89$ WE.

Tabelle IV. **Wohnhaus.**
Berechnung der täglichen Wärmetransmissionsverluste.

Stockwerk	Benennung der Flächen und Räume	Flächen-ausmaß qm	Isolier-stärke cm	Wärmeverluste stündliche ohne	tägliche mit	Täglicher Gesamt-Wärmeverlust ohne Isolierung	mit Isolierung
Unter-geschoß	Fußboden der Kühlkeller	30	10	$W = 1{,}70$ $W_T = 816$	$W_K = 0{,}39$ $W_{KT} = 187$	28 560	6 545
	Fußboden des Kühlrohrraums . . .	5	10				
	Außenwände beider Räume ca. . .	100	12	$W = 1{,}18$ $W_T = 1037$	$W_K = 0{,}34$ $W_{KT} = 196$	103 700	19 600
	Decke über diesen Räumen	35	10	$W = 0{,}54$ $W_T = 260$	$W_K = 0{,}24$ $W_{KT} = 115$	[9 100]	[4 030]
Haupt-geschoß	Fußboden gegen die nicht isolierten Räume	105	4	$W = 0{,}54$ $W_T = 65$	$W_K = 0{,}40$ $W_{KT} = 48$	6 825	5 040
	Decke des Hauptgeschosses . . .	150	4	$W = 2{,}81$ $W_T = 337$	$W_K = 0{,}74$ $W_{KT} = 89$	50 550	13 350
	Umfassungswände des Hauptgeschosses exkl. Fenster und Türen . .	200	6	$W = 2{,}50$ $W_T = 300$	$W_K = 0{,}62$ $W_{KT} = 75$	60 000	15 000
	Fenster und Türen als Doppelfenster und Doppeltüren in Rechnung gesetzt.	25		$W = 2{,}35$ $W_T = 282$		7 100	7 100
	zusammen					256 735	66 635

Nach vorstehender Tabelle IV beträgt demnach der tägliche Transmissionswärmeverlust
bei dem isolierten Gebäude rund . . . . $W_i = 66\,630$ WE
bei dem nicht isolierten Gebäude dagegen . . . . $W = 256\,730$ WE.

Wie 'Seite 13 erläutert, sind für Windanprall, direkte Sonnbestrahlung und Feuchtigkeit folgende Zuschläge zu machen:

für das isolierte Gebäude im Maximum 5% . . . . = 3 330 WE
und für das nicht isolierte Gebäude im Maximum 20% . . = 51 350 WE.

Demnach sind an täglichen Gesamt-Transmissionsverlusten in Rechnung zu setzen:

bei dem nicht isolierten Gebäude . . . . 308 080 WE
bei dem isolierten Gebäude . . . . 69 960 WE
die tägliche Ersparnis infolge der Isolierung beträgt deshalb . . 238 120 WE.

Der Luftbedarf berechnet sich wieder analog dem Krankenhaus laut nachfolgender Tabelle V auf rund 10 100 cbm Luft.

Tabelle V. **Luftbedarf im Tropenhaus.**

Geschoß	Raumbezeichnung	Rauminhalt cbm	Luftwechsel pro 1 Std.	Luftwechsel pro 1 Tag	Luftbedarf pro 1 Tag cbm
Untergeschoß	Kühlkeller	66	5 mal	täglich	330
Hauptgeschoß {	Wohnräume	380	1 „	24 Std.	9 120
	Nebenräume	62	1 „	10 „	620
	zusammen rd.				10 070

NB. Abort und Bad wird nicht gekühlt und entlüftet.

Zur Herabkühlung und Trocknung dieser rund 10 100 cbm Luft sind erforderlich analog der Berechnung beim Krankenhaus:

I. **Herabkühlung und Trocknung der Kühlraumluft von 330 cbm.**
Temperatur-Differenz $+ 28^0$ gesättigte Luft auf $— 4^0$
Herabkühlung: $330 \cdot 24 \cdot 0{,}31$ . . . . = 2 460 WE
Trocknung: 18 g. $\cdot 0{,}61 \cdot 330$ . . . . = 3 620 WE

II. **Herabkühlung und Trocknung der Ventilationsluft von 10 100 cbm.**
Für Wohnhauszzwecke genügt hier die Herabkühlung der Luft auf $+ 14^0$ C.
1. Herabkühlung der Luft von $+ 28^0$ auf $+ 14^0$ nach dem Gegenstromprinzip.
$10 100 \cdot 12 \cdot 0{,}31 = 37 570$ WE $=$ rund 37 600 WE.
2. Trocknung der Luft von $+ 28^0$ mit 80% Feuchtigkeit auf $+ 14^0$ gesättigt.
Luft von $+ 28_0$ mit 80^0 Feuchtigkeit enthält $0{,}027 016 \cdot 0{,}8 = 0{,}021 610$ kg/cbm
Luft von $+ 14^0$ gesättigt, enthält . . . . 0,012 007 „

Differenz $= 0{,}009 603$ kg/cbm $=$ rund 10g

$10 100$ cbm Luft $\cdot 0{,}61 \cdot 10$ g . . . . = 61 610 WE
Die tägliche Wärmeproduktion von 10 Menschen beträgt: $24 \cdot 10 \cdot 75$ . . = 18 000 WE

Für das durchschnittliche tägliche Herabkühlen von Kühlgütern sowie für Eisgewinnung sind in Rechnung genommen . . . . = 2 000 WE

Demnach beträgt der tägliche Gesamtaufwand für maschinelle Kühlung in dem isolierten Gebäude:

1. Verluste infolge Wärmetransmission . . . . = 69 960 WE
2. Verluste infolge Trocknung und Herabkühlung der Ventilationsfrischluft . . { 37 600 „ / 61 610 „
3. Verluste infolge Trocknung und Herabkühlung der Kühlkellerluft . . . . { 2 460 „ / 3 620 „
4. Wärmeproduktion der Menschen . . . . = 18 000 „
5. Herabkühlen der Kühlgüter . . . . = 2 000 „

zusammen 195 250 WE

oder rund 195 300 WE.

Bei dem nicht isolierten Gebäude würde der Verbrauch täglich betragen 195 300 + 238 100 = 433400 WE.

Die Untersuchung über die Möglichkeit der Ausnützung der atmosphärischen nächtlichen Abkühlung auch bei dieser wenig umfangreichen Anlage sei wie beim Krankenhaus durchgeführt.

Die nächtliche Durchkühlung der Kältespeicher erfolge nachts 11 Uhr bis morgens 5 Uhr, bei einer Außentemperatur von $+ 13^0$ bis $+ 14^0$ C. Die Tagesventilation dauere von morgens 10 Uhr bis abends 8 Uhr, also zusammen 10 Stunden, während für die Berechnung der Wärmetransmissionsverluste die Zeit von morgens

8 Uhr bis abends 8 Uhr, also 12 Stunden in Anrechnung kommen. Die Wärmekapazität des Kältespeichers wird pro 1° C Temperatur-Differenz berechnet. Eine Kühlung des Kühlkellers kommt wieder nicht in Betracht.

Es ergibt sich:

1. Der Bedarf an Ventilationsluft entsprechend Tabelle V.

Wohnräume 380 cbm, 10 Stunden je 1 malige Erneuerung . . . . = 3800 cbm
Nebenräume 62 cbm, 10 Stunden je ½ malige Erneuerung . . . . = 300 cbm
zusammen 4100 cbm

2. Kühlbedarf für die Kühlung und Trocknung der Tagesfrischluft von + 32° C mit einem Feuchtigkeitsgehalt von 55% auf + 17° C.

a) Kühlung: 4100 cbm · 0,31 WE · 15° . . . . = 19 070 WE

b) Trocknung: Luft von 32° = 0,033 548 kg/cbm
55% = 0,018 450 „
Luft von 17° = 0,014 412 „

Differenz = 0,004 038 = 4 g.

Demnach 4 100 · 4 g · 0,61 . . . . = 10 000 WE
zusammen 29 070 WE

rund 29 100 WE.

3. Wärmeproduktion der 10 Bewohner während der 10stündigen Lüftung 10 · 10 · 75 = 7 500 WE

4. Wärmeverluste infolge Wärmetransmission innerhalb 12 Stunden, entsprechend Tab. IV.

Fußboden $\dfrac{6\,000}{2} = 3\,000$ WE

Umfassungswände $\dfrac{15\,000}{2} = 7\,500$ „

Decke $\dfrac{13\,350}{2} = 6\,700$ „

Fenster und Türen $\dfrac{7\,100}{2} = 3\,550$ „

zusammen 20 750 WE = rund 20 800 WE.

Demnach Gesamtkältebedarf:

1. Ventilationsluft . . . . = 29 100 WE
2. Wärmeproduktion der Bewohner . . . . = 7 500 „
3. Transmissionsverlust . . . . = 20 800 „
zusammen 57 400 WE

Diese 57 400 Wärme-Einheiten müssen nun dem Kältespeichersystem tagsüber entzogen werden können. Die Kältespeicherkanäle seien diesmal aus Kalkstein aufgemauert, dessen Wärmekapazität pro 1 cbm ca. 550 WE beträgt. Die 50 bis 60 cm starken Umfassungswandungen des Kältespeichers seien von außen entsprechend der starken Leitungsfähigkeit des Kalksteins ringsum mit 12 cm starken Korksteinen isoliert. Es kann deshalb wieder nach 6-stündiger lebhafter Ventilation (mit einer Luftgeschwindigkeit von 6 bis 10 m pro Sekunde) eine im Mittel 15 cm starke Schale Kalkstein auf die Temperatur der Morgenluft, also + 14° C, als durchgekühlt angenommen werden.

Die Wandungsflächen der Kältespeicherkanäle betragen:

Fußboden rund 30 qm
Wände „ 210 „
Decke „ 30 „
Kühlsystemraum „ 30 „
zusammen 300 qm

Ihre Wärmekapazität pro 1° beträgt demnach:

300 qm · 0,15 m · 550 = 24 750 WE.

Das Kühlrohrsystem für die maschinelle Anlage:

Die ca. 500 lfd m Rohr von 0,06 m Durchmesser haben einen Inhalt von 1,40 cbm Sole mit einer Wärmekapazität von 1000 WE.

Demnach Fassungsvermögen des Kühlrohrsystems

pro 1° C = 1,40 · 1000 = 1400 WE.

Die Kältespeicherkanäle haben rund 30 qm Grundfläche bei 2 m Höhe, der freie Luftraum beträgt demnach 60 cbm. Es kann nun ¼ des Luftraums mit Steinbeugungen als Kältespeicher gefüllt werden, also 15 cbm Kalkstein, dessen Wärmekapazität demnach beträgt pro 1° = 15 · 550 = 8 250 WE.

Das Gesamt-Aufspeicherungsvermögen des Kältespeichersystems beträgt demnach pro 1° C Temperatur-Differenz

Umfassungen der Kanäle	= 24 750 WE
Kühlrohrsystem	= 1 400 „
Steinbeugung	= 8 250 „
	34 400 WE.

Unter der Voraussetzung nun, daß infolge der Nachtlüftung der Kältespeicher auf + 14° C heruntergekühlt werden kann, vermag er bis zu seiner Erwärmung auf + 17°, mit welcher die Tagesfrischluft in die Sammelkanäle geführt werden soll, abzugeben: 3 · 34400 = 103 200 WE, während nur ein Bedarf von 57 400 WE notwendig ist.

Daß sich das Kältespeichersystem aber tatsächlich so tief herabkühlen läßt, zeigt folgende Betrachtung:
Der Gesamtbedarf an Kälte zur Herabkühlung des Kältespeichers von seiner Maximaltemperatur am Abend von ca. + 18° C auf + 14° C beträgt 34 400 · 4 = 137 600 WE.

Gewählt sei ein Ventilator von 5,2 PS mit 500 cbm Minutenleistung, welcher in 6ständigem Betrieb leisten wird:
$$6 \cdot 500 \cdot 60 = 180\,000 \text{ cbm.}$$

Diese 180 000 cbm sollen durchschnittlich mit + 14° eintreten und mit + 16° abgeführt werden, ihre Wärmeaufnahme beträgt dann
$$180\,000 \cdot 2 \cdot 0,31 = 111\,600 \text{ WE.}$$

Die Nachtluft von 14° habe nun ca. 70% Feuchtigkeit, die abgeführte Luft von + 16° sei auf 80% gesättigt.
Es wird an Wärme gebunden:

Luft von + 14° = 0,012 007 bei 70%	= 0,008 405 kg/cbm
„ „ + 16° = 0,013 554 bei 80%	= 0,010 843
Differenz	= 0,002 438 = 2,4 g.

Demnach 180 000 cbm · 2,4 g · 0,61 = 263 520 WE rund 263 500 WE.
Die Ventilationsluft vermag demnach zu binden: 111 600 + 263 500 = 375 100 WE.

Da aber nur 137 600 WE tatsächlich zu binden sind, so ist ersichtlich, daß der Kältespeicher noch unter + 14° C herabgekühlt werden wird, wenn nur das zur Verdunstung nötige geringe Quantum Wasser von 180 000 · 2,4 = 0,43 cbm der ausgedehnten Oberfläche des Kältespeichers in geeigneter Weise zugeführt wird. Die Tageslüftung wird sich also unter den der Rechnung zugrunde gelegten, gewiß nicht anormalen Umständen mit Sicherheit allein mit dem Kältespeichersystem ermöglichen lassen, da rechnungsmäßig ein Überschuß von (375 100 — 137 600) = 237 500 WE gegenüber dem Bedarf vorhanden ist.

Von diesem Überschuß wird allerdings, trotz der besten Isolierung der Kältespeicherkanäle, ein gewisser Teil verloren gehen, der sich rechnungsmäßig wie folgt ermitteln läßt:
Durchschnittliche Temperatur des Erdreichs in einer heißen Gegend mit nächtlicher Abkühlung ca. + 20° C. Mittlere Stärke der Umfassungen des Kältespeichers 0,40 m + 12 cm starke Korksteinisolierung

hierfür
$$W_K = \frac{1}{\frac{1}{1,80} + \frac{0,12}{0,05}} = 0,34 \text{ WE.}$$

Bei einer Umfassungsfläche von ca. 130 qm, bei 6° C Temperatur-Differenz beträgt demnach der Wärmetransmissionsverlust pro Tag
$$130 \cdot 6 \cdot 24 \cdot 0,34 = 6360 \text{ WE.}$$

Also auch abzüglich dieser Summe beträgt der Überschuß immer noch rund 231 000 WE.

Dieser große rechnungsmäßige Überschuß bietet nun einen wünschenswerten Sicherheitskoëffizienten für den Fall, daß die Luft nicht tatsächlich die berechneten Mengen Wärme und Wasser auf ihrem Wege zu binden vermag, daß sie in den Kältespeicherkanälen nicht genügend gemischt wird, sowie, daß die Kanalwandungen ev. auch nicht in der vorausgesetzten Zeit die berechnete Wärme aufspeichern resp. wieder abgeben können.

Es geht des weiteren aus der Berechnung hervor, daß, die Richtigkeit der physikalischen Vorgänge und Annahmen vorausgesetzt, es auch noch möglich sein wird, bei einer geringeren nächtlichen Abkühlung als der hier angenommenen auf + 14° noch immer ein befriedigendes Resultat zu erzielen.

Zum Beweis diene folgende Kalkulation:
Die Nachtluft kühle sich durchschnittlich nur auf + 18° C ab, ihr Feuchtigkeitsgehalt betrage dabei noch 60%. Das Kältespeichersystem habe sich vor Beginn der nächtlichen Ventilation auf eine Temperatur von + 20° erwärmt. Die Nachtluft werde beim Durchtreiben durch den angefeuchteten Kältespeicher auf + 19° C erwärmt und erhöhe ihren Wassergehalt auf 75%. Es werden dann folgende Wärmemengen gebunden:

1. Durch Erwärmung der 180 000 cbm Frischluft
$$180\,000 \cdot 1 \cdot 0,31 \qquad\qquad = 55\,800 \text{ WE}$$

2. Durch Bindung von Feuchtigkeit

Wassergehalt der Luft von + 18° gesättigt	= 0,015 270 kg/cbm
bei 60% Feuchtigkeit	= 0,009 162 „
desgl. Luft von 19° mit 75% Feuchtigkeit	= 0,012 167 „
Differenz	= 0,003 005 kg/cbm = 3,00 g

Demnach 180 000 · 3,00 · 0,61 . . . . = 329 400 „

zusammen 385 200 WE

Zur Herabkühlung des Kältespeichersystems um 1°C müssen ihm entzogen werden (wie oben berechnet) = 34 400 WE.

Es seien 35 000 WE in Rechnung gesetzt; ferner gehen infolge von Wärmetransmission durch die Kältespeicherkanäle täglich verloren zusammen 6 400 WE.

Unter Berücksichtigung dieser Verluste wird sich der Kältespeicher also herunterkühlen um (385 200 — 6 400) : 35 000 = 10,8° C.

Der Kältespeicher müßte also theoretisch am Schluß der Nachtlüftung von + 20° auf + 9,2° C heruntergekühlt sein. Er könnte an die Tagesventilation bei einer Temperatursteigerung von + 9,5° auf ca. + 15,5° abgeben: 34 400 WE · 6° = 206 400 WE, während nach Seite 22 nur ein Wärmebedarf von 57 400 WE erforderlich ist.

Auch hier ergibt sich wieder ein großer rechnerischer Überschuß, woraus auf ein sicheres Funktionieren des Kältespeichersystems geschlossen werden darf, auch wenn die einzelnen Voraussetzungen in Wirklichkeit nicht genau zutreffen sollten. Es wird jedenfalls folgender Schluß gezogen werden dürfen:

Das System der Kühlhaltung von Gebäuden unter Ausnützung der nächtlichen Abkühlung vermittelst einer Kältespeicheranlage wird unter nachfolgenden Voraussetzungen e. :en Erfolg versprechen:

1. Der Kältespeicher muß genügend groß und so mit Kühlkörpern belegt sein, daß die Luft auf einem möglichst langen Weg gezwungen ist, die Kältespeicherflächen zu umspülen.

2. Es ist für eine möglichst ausgiebige nächtliche Lüftung und für eine möglichst große Geschwindigkeit der Luftbewegung zu sorgen. Um dies ohne zu großen Kraftaufwand zu erzielen, darf in den Kältespeicherkanälen die Luft keinen allzu großen Widerstand finden.

3. Dem Kältespeicher ist täglich diejenige — geringe — Menge Wasser zuzuführen, welche laut Rechnung die Nachtluft zu binden vermag.

4. Als Bedingung für die Wirksamkeit ist nicht so sehr eine möglichst tiefe nächtliche Abkühlung anzusehen, als eine möglichst trockene Beschaffenheit der Nachtluft, damit diese befähigt ist, in dem wärmeren feuchten Kältespeicher sich nicht bloß zu erwärmen, sondern möglichst viel Feuchtigkeit zu binden, da der letztere Faktor von besonders großer Bedeutung ist, wie aus allen Berechnungen hervorgeht.

Diese Kältespeicherkühlung wird demnach überall da im Prinzip anwendbar sein, wo verhältnismäßig trockene Nachtluft durch einen wärmeren, genügend großen, durchfeuchteten Kältespeicher mit hinreichender Energie geführt wird.

Da die Tagestemperatur stets höher ist als die Nachttemperatur und der Kältespeicher infolge der Tagesventilation täglich von neuem so weit erwärmt wird, daß am Schluß der Tagesventilation (etwa um 8 Uhr abends) seine Temperatur ungefähr die der Abendtemperatur erreichen wird, so muß die um nachts 11 Uhr eingeführte Nachtluft kühler sein als der Kältespeicher.

Daraus folgt, daß dieses Prinzip wenigstens in der Theorie in allen Zonen mit wenigen Ausnahmen anwendbar sein muß. Wie weit es sich aber in die Wirklichkeit umsetzen läßt, welche Grenzwerte für die nächtliche Abkühlung, für den Feuchtigkeitsgehalt der Luft, für die Größe und Masse des Kältespeichers und für die Luftbeförderung anzunehmen sind, können erst die Versuche in der Praxis zeigen.

Pekuniäre Fragen.

Eine irgendwie zureichende Kostenberechnung für die beiden Gebäude aufzustellen, wäre ungemein schwierig, solange nicht mit einem bestimmten Bauprogramm für eine bestimmte Gegend gerechnet werden kann. Auch kommen hier weniger die absoluten Baukosten in Frage, als die ungefähre Ermittlung der Ersparnisse bei dem Bau und dem Betrieb der Anlagen nach dem neuen System gegenüber der früheren Bauweise. Es sei hier wieder zuerst das **Krankenhaus** behandelt.

Die Einführung der künstlichen Luftversorgung des Gebäudes gestattet auch in den schlimmsten Tropengegenden wesentlich niedrigere Zimmerhöhen gegenüber dem jetzigen Bausystem. Die Differenz dürfte mindestens 0,50 m bis 1,00 m pro Stockwerk betragen. Auch die Anlage selbst wird eine kompendiöse, da nicht mehr die Rücksicht auf eine möglichst bequeme Durchlüftung aller Räume zu der teuren einbündigen Anlage zwingt. Den Gewinn in Zahlen auszudrücken, ist aber ohne konkrete Beispiele unmöglich.

Diesen Ersparnissen in der Gesamtdisposition stehen nun die Ausgaben für die notwendige Isolierung gegenüber, die ersteren wieder aufwiegend, da für die Isolierung nur ein vorzüglich isolierendes Korksteinmaterial in Betracht kommen kann und die Arbeit sorgfältig ausgeführt werden muß. Es wird daher bei dem neuen Bausystem wohl eher mit etwas teureren Rohbaukosten gerechnet werden müssen, die ja allerdings, infolge großer Betriebsersparnisse bei der maschinellen Kühlung, in allerkürzester Frist ausgeglichen werden.

Nach Seite 16 beträgt der tägliche Gesamtkältebedarf rund 2 000 000 WE, welche auf einer Ammoniakkühlmaschine von 95 000 WE Stundenleistung mit einem Dieselmotorbetrieb von 40 PS erzeugt werden. Die Beschaffung von täglich 130 000 cbm Frischluft besorgt ein Niederdruckventilator von 1,5 PS mit einer Leistung von ca. 125 cbm pro Minute, der ebenfalls von dem Dieselmotor angetrieben wird. Für die Kühlkellerlüftung ist ein besonderer kleiner Ventilator, ev. mit elektromotorischem Antrieb, vorgesehen, welcher vermittelst eines Blechrohres unter der Decke sämtliche Kühlkellerräume mit zusammen ca. 3000 cbm Frischluft versorgt, wobei das Blechrohr mit Ausmündungen über den Kühlrohrsystemen der einzelner Kühlkeller versehen ist.

Einen Einheitspreis für die Erzeugung von 1000 WE anzugeben, wird nur unter bestimmten Voraussetzungen möglich sein, da hier eine ganze Reihe maßgebender Faktoren mitsprechen, so z. B. die Frage der Erzeugung der nötigen Kraft, d. h. ob elektrische Kraft, Wasserkraft, Dieselmotor oder Dampfkraft zur Verfügung steht, ferner die Menge und Temperatur des zur Verfügung stehenden Kühlwassers, die Wahl der Verdampfertemperaturen (bei Kühlung der Wohnräume vielleicht $+ 8^0$ C, für die Kühlung der Nahrungsmittel-Konservierungsräume und für die Eisfabrikation ca. $— 10^0$ C), ferner die Höhe der ortsüblichen Löhne für das Personal zur Wartung der Maschine, die klimatischen örtlichen Verhältnisse (d. h. mit welchen jährlichen Betriebszeiten gerechnet werden muß) und endlich die Frage der Amortisation und Verzinsung.

Immerhin dürfte man nicht fehlgreifen, wenn man für tropische Verhältnisse, ohne Amortisation und Verzinsung, bei Betrieb durch Dieselmotor, die Betriebskosten für 1000 Kal. durchschnittlich zu 7 bis 8 Pf. annimmt, wobei für große Anlagen die Kosten des Bedienungspersonals und die Ventilatorkraft eingeschlossen sir ' bei kleinen Anlagen aber Bedienung durch vorhandenes Personal, welches im Nebenamt die Wartung der Maschine zu besorgen hätte, vorausgesetzt ist evt. besonders in Rechnung zu ziehen wäre.

Danach würden bei der Krankenhausanlage mit dauerndem, rein maschinellem Kühlbetrieb die gesamten täglichen Kühlkosten betragen: $\frac{2\,000\,000}{1000} \cdot 0{,}07 = $ M. 140.— oder jährlich $140 \cdot 365 = $ M. 51000.—. Hierin sind aber die gesamten Betriebskosten auch für die vermietbaren Kühlräume und für die Eisfabrikation inbegriffen, für welche eine entsprechende Miete zu bezahlen ist, welche selbstverständlich einen gewissen Betriebsgewinn enthalten muß.

Die reinen Betriebskosten für die Kühlung der vermietbaren Kühlräume und für die Eisfabrikation berechnen sich, wie folgt, auf Grundlage der früheren Berechnungen:

1. Kältebedarf für die Wärmetransmissionsverluste . . . . . . ca. 130 000 WE
2. „ „ „ Herabkühlung und Trocknung der Luft . . „ 50 000 „
3. „ „ „ Herabkühlung der Kühlgüter . . . . . . „ 9 000 „
4. „ „ „ Eisfabrikation . . . . „ 32 000 „

zusammen ca. 221 000 WE

Da die Erzeugungskosten von 1000 WE nach obigem mit etwa 7 Pf. anzurechnen sind, so ergibt sich für diese 221 000 WE ein täglicher Betriebsaufwand von $\frac{221\,000}{1000} \cdot 0{,}07 = $ M. 15.47 rund M. 15.50

Zuschlag für die Wartung . . . . „ 3.50

M. 19.—

oder jährlich M. $365 \cdot 19 = $ M. 6935.— rund M. 7000.—.

An Miete und Eisfabrikation wird eingehen:

Zu vermieten ist an Kühlräumen eine reine nutzbare Grundfläche von ca. 150 qm, wofür entsprechend unseren hiesigen Verhältnissen eine Miete im Minimum von M. 12 000.— pro Jahr auszusetzen sein wird.

Der Erlös durch die Eisfabrikation ergibt sich aus folgender Betrachtung:

Für die Eisfabrikation ist in die Rechnung ein täglicher Aufwand von 32 000 WE besonders eingesetzt, es darf aber mit Sicherheit angenommen werden, daß ein weit größerer Betrag täglich zur Eisfabrikation frei zur Verfügung steht, schon da die Maschine aus Sicherheitsgründen größer, als rechnungsmäßig notwendig, angenommen wurde, insbesondere aber, weil auf alle durch die Rechnung gefundenen Werte ein Sicherheitskoeffizient aufgeschlagen wurde.

Es sollen demnach rund 100 000 WE täglich für Eisgewinnung zur Verfügung stehen, wobei für tropische Verhältnisse zur Erzeugung von 1 kg Eis ein Verbrauch von rund 200 WE anzusetzen ist, so daß sich täglich $\frac{100\,000}{200} = 500$ kg oder 10 Ztr. allermindestens erzeugen lassen. Der Verkaufswert des Eises ist für Tropenverhältnisse mit M. 4.— pro 1 Ztr. nicht zu hoch bemessen, so daß sich ein Jahreserlös aus der Eisfabrikation von $360 \cdot 10 \cdot 4 = $ M. 14 400.— erzielen läßt.

Die Gesamteinnahmen aus Eisfabrikation und Kühlkellermiete betragen somit jährlich M. 14 400 + M. 12 000.— = M. 26 400.—. Diese Einnahmen bedeuten gegenüber den nötigen Auslagen im Betrage von M. 7000.— einen jährlichen Betriebsgewinn von M. 19 400.—.

Die jährlichen Gesamtkosten für die Kühlanlage des Krankenhauses werden aber durch diese Einnahmen so bedeutend ermäßigt, daß besonders für tropische Verhältnisse die tatsächlichen Unkosten für die Kühlhaltung gewiß nicht mehr schwer ins Gewicht fallen, gegenüber den vielen anderen Betriebsunkosten und besonders gegenüber den außerordentlichen, durch die Kühlhaltung erzielten Vorteilen. Die Berechnung ergibt:

Die gesamten Kühlbetriebskosten für das Krankenhaus betragen jährlich . . . . M. 51 000.—
hiervon ab Einnahmen . . . . „ 26 400.—

bleiben reine Unkosten für die Kühlhaltung . . . . M. 24 600.—

oder pro Tag rund 24 600 : 365 = M. 67.10.

Bei 70 Krankenbetten betragen demnach die Ausgaben für die Kühlhaltung der Krankenräume pro Tag und Bett M. 67.10 : 70 = M. 0.96.

Eine tägliche Kühlbetriebsausgabe von M. 1.— sichert also dem Patienten die Aussicht auf eine so rasche Genesung, wie es ohne die Schaffung eines dem Kranken angemessenen künstlichen Klimas in den Tropenverhältnissen sonst undenkbar wäre.

Wesentlich höher würden sich allerdings die Kosten belaufen, wenn neben der Erzeugung von gekühlter Frischluft nicht auch der Betrieb der vermietbaren Kühlräume und der Eisfabrikation durchgeführt würde. Ohne diese Einrichtungen würde sich zwar der tägliche Kältebedarf ermäßigen auf 2 000 000 WE —221 000 WE = 1 779 000 WE, die aber noch immer einen täglichen Kostenaufwand von $\frac{1\,779\,000}{1000} \cdot 0{,}07 = $ M. 124.53 oder annähernd M. 1.80 pro Bett verursachen. Durch die Einrichtung der vermietbaren Kühlräume und durch die Eisfabrikation werden also die Kühlbetriebskosten pro Krankenbett fast auf die Hälfte reduziert. Da nun irgend welcher Nachteil oder Störung bei einem gemeinschaftlichen Betrieb ausgeschlossen ist, anderseits die Möglichkeit der Eisbeschaffung und der längeren Konservierung von Fleisch, Gemüsen, Getränken usw. für die Bevölkerung der Ortschaft, in welche ein derartiges Krankenhaus zu stehen kommt, von großer Wichtigkeit auch in sanitärer Hinsicht sein würde, so dürfte damit die Kombination der Kühlluftversorgung von Kranken- räumen mit einem industriellen Betrieb als zweckmäßig und empfehlenswert nachgewiesen sein.

Es wird noch zur völligen Klarlegung der Fragen angezeigt sein, zu untersuchen, welchen Einfluß die als notwendig erkannte systematische Umkleidung des ganzen Baukörpers mit einem gut wärmeisolierenden Medium auf die täglichen Betriebskosten ausübt. Wäre das Krankenhaus nicht in allen seinen Teilen sorg- fältig gegen Wärmeaufnahme von außen geschützt, so würde nach den früheren Berechnungen der täglich notwendige Kältebedarf bei vollem Ventilations- und Kühlbetrieb betragen: 2 000 000 + 1 074 000 = 3 074 000 WE.

Die täglichen Betriebskosten würden sich stellen auf:

$$\frac{3\,074\,000}{1000} \cdot 0{,}07 = \text{M. 215.18.}$$

Vergleicht man hiermit den ungefähren einmaligen Kostenaufwand für die Ausführung der Isolierung, so ergibt sich bei schätzungsweiser Berechnung, da auch hier sich ohne konkrete Unterlagen keine genauen Angaben machen lassen, für eine sorgfältige Ausführung der Korksteinisolierung unter Berücksichtigung der teureren Tropenverhältnisse:

1. **Isolierung der Kühlkelleranlage usw.**
   a) **Fußbodenisolierung** aus 10 cm starken imprägnierten Reformkorkstein- platten zusammen 490 qm à M. 11.50 rund . . . . M. 5640.—
   b) **Isolierung der Umfassungswände** mit 12 cm starken Reformkorksteinplatten zusammen 395 qm à M. 13.— . . . . „ 5 140.—
   c) **Deckenisolierung** aus 12 cm starken Reformkorksteinplatten zusammen 490 qm à M. 13.— rund . . . . „ 6 370.—

2. **Isolierung der Obergeschosse.**
   a) **Isolierung des Erdgeschoßfußbodens** aus 3 cm starken Originalkorkstein- platten, zugleich als Unterlage für Linoleum zusammen 650 qm à M. 4.80 . „ 3 120.—
   b) **Isolierung der Umfassungswände** beider Stockwerke aus 5 cm starken Originalkorksteinplatten zusammen 1010 qm à M. 5.30 . . . . „ 5 350.—
   c) **Isolierung der Decke** gegen den Dachraum zusammen 650 qm à M. 4.80 „ 3 120.—

   zusammen M. 28 740.—

Die Isolierungskosten des Krankenhauses würden sich demnach auf rund M. 29 000.— bis M. 30 000.— belaufen, während die tägliche Ersparnis an Kühlbetriebskosten infolge der Isolierung beträgt:

M. 215.18 — M. 140.00 = M. 75.18, die jährliche Ersparnis aber M. 75.18 · 365 = M. 27 500.—.

Es würden demnach schon nach fünfvierteljährlichem Betrieb die Kosten für die Isolierung sich bezahlt machen. Es ergibt sich also auch durch diese Rechnung die Zweckmäßigkeit des für tropische Anlagen vor- geschlagenen Bausystems.

Es sei noch zum Schluß eine annähernde Berechnung der täglichen Betriebskosten während der Zeit genügend starker nächtlicher Abkühlung der Atmosphäre für das Krankenhaus durchgeführt:

Für die nächtliche Durchkühlung des Kältespeichers ist ein Ventilator von 11 PS vorgesehen, welcher in 6 stündigem nächtlichen Betrieb 1 100 cbm 6 Stunden · 60 = 396 000 cbm Luft durch den Kältespeicher bläst. Zur Sicherheit sei jedoch mit einem Ventilator von 12,50 PS gerechnet, der 1 400 cbm Luft pro Minute zu befördern vermag. Der Ventilator sei durch einen Dieselmotor angetrieben.

Die Betriebskosten für 1 Dieselmotor betragen in Deutschland 1 PS und pro 1 Stunde ca. 4 Pf. Für die tropischen Verhältnisse sei nun ein Betrag von 10 Pf. pro 1 PS und 1 Stunde angesetzt. Danach kostet die 6 stündige nächtliche Ventilation des Kältespeichers 6 · 10 · 12,50 = M. 7.50.

Die Tageslüftung wird vermittelt durch einen Ventilator von ca. 2 PS, welcher in 12 stündigem Betrieb kostet 12 · 10 · 2 = M. 2.40.

Der ganze Tagesbetrieb bei Ausnützung des Kältespeichers während der Zeiten der nächtlichen Ab- kühlung verursacht demnach rechnerisch nur einen Aufwand von M. 9.90.

Wenn auch hierzu noch die vollen Kosten für einen Maschinisten hinzugerechnet werden, so wird doch die Ventilationskühlung des Krankenhauses zu Zeiten der nächtlichen Abkühlung der Atmosphäre kaum nennenswerte Kosten verursachen. Es wird sich darum für alle Anlagen, für die mit Bestimmtheit Zeiten mit nächtlicher Abkühlung der Atmosphäre vorauszusetzen sind, die Einrichtung des Kältespeichersystems empfehlen.

Tropenwohnhaus.

Es seien zum Schluß noch kurz die Betriebskosten des Tropenwohnhauses besprochen. Im ganzen werden diese sich in demselben Verhälnis wie beim Krankenhaus ergeben. Immerhin dürfte interessant sein, auch hiefür einige konkrete Zahlen zu entwickeln. Es sei wieder zuerst das Tropenwohnhaus mit vollem jährlichem Kühlbetrieb in ungünstigstem Klima betrachtet. Für eine derartige kleine Kühlanlage wird mit einem Kostenaufwand von 8 Pf. pro 1000 WE gerechnet werden müssen. Besondere Kosten für die Wartung brauchen auch hier nicht angesetzt zu werden, weil vorausgesetzt ist, daß die Kühlmaschine durch den leicht einzulernenden Hausdiener oder Gärtner im Nebenamt besorgt werden kann, da die Bedienung der Maschine nicht schwierig ist und wenig Zeit in Anspruch nimmt. Der tägliche Kältebedarf beträgt bei vollem Betrieb 195 300 WE, die täglichen reinen Betriebskosten berechnen sich hieraus auf

$$\frac{196\,000}{1000} \cdot 0{,}08 = \text{M. } 15.68.$$

Da aber auch hier täglich die Haushaltungskeller mitgekühlt werden, sowie sämtlicher Eisbedarf für die Haushaltung mitgewonnen wird, so ist hierfür eine Summe von mindestens M. 1.70 abzuziehen, sodaß sich die Betriebskosten für die Kühlhaltung des Wohnhauses im Tag auf höchstens M. 14.—, im Jahr also auf M. 5100.— belaufen, eine Summe, welche für tropische Verhältnisse, in Anbetracht der daraus entspringenden großen sanitären Vorteile, mäßig zu nennen ist.

Eine weitere wesentliche Reduktion der Betriebskosten ließe sich dadurch ermöglichen, daß eine Anzahl Wohnhäuser, Bureaugebäude usw. von einer gemeinsamen Zentrale aus mit Kühlluft versorgt würden.

Wäre das Gebäude ohne Isolierung durchgeführt, so müßte nach früherer Berechnung mit einem täglichen Kältebedarf von 433 000 WE gerechnet werden, wodurch sich die täglichen Betriebskosten auf

$$\frac{433\,000}{1000} \cdot 0{,}08 = \text{M. } 34.64$$

erhöhen würden, eine Summe, welche die Durchführbarkeit der ganzen Anlage sehr in Frage stellen müßte.

Die Betriebskosten bei Ausnützung des Kältespeichersystems zu Zeiten genügender nächtlicher Abkühlung würden betragen:

    a) Kosten für die Ventilatorleistung während der 6stündigen nächtlichen Lüftung. Es genügt hier laut Rechnung ein Ventilator von 5 PS; demnach Kosten unter Voraussetzung von Dieselmotor-Antrieb = 6 · 5 · 0,10 . . . . =   M. 3.—

    b) Kosten für die Tageskühlung:
Luftbedarf in 10 Stunden zusammen 4100 cbm; hierfür genügt ein Ventilator von 0,3 PS vollkommen, demnach tägliche Betriebskosten 10 · 0,3 · 0,10 . . . . =   „ —.30

Daher tägliche Gesamtbetriebskosten bei Ausnützung des Kältespeichers . . . . . =   M. 3.30

Vorstehende auf Tropenverhältnisse begründete Ausführungen behalten auch ihre prinzipielle Bedeutung unter den veränderten, betriebstechnisch wesentlich günstigeren Verhältnissen von subtropischen Gegenden und gemäßigten Zonen. Die beiden den Kühlbetrieb so ungünstig beeinflussenden Hauptfaktoren: die an sich teueren Lebensbedingungen in den Tropen und der außerordentlich hohe Feuchtigkeitsgehalt der Tropenluft, zu deren Trocknung ein sehr hoher Prozentsatz des Kälteaufwandes nötig ist, spielen in den gemäßigten Zonen eine weit geringere Rolle, außerdem wird auch fast ausnahmslos mit regelmäßigen Perioden nächtlicher Abkühlung gerechnet werden dürfen, so daß das betriebstechnisch so billige System der Kältespeicherkühlung, mit dem maschinellen Kühlsystem kombiniert, berufen sein wird, mit der Zeit in allen Ländern warmen Klimas Ausbreitung zu finden.

www.ingramcontent.com/pod-product-compliance
Lightning Source LLC
Chambersburg PA
CBHW062017210326
41458CB00075B/6129